翅荚木形态特征

图1 翅荚木

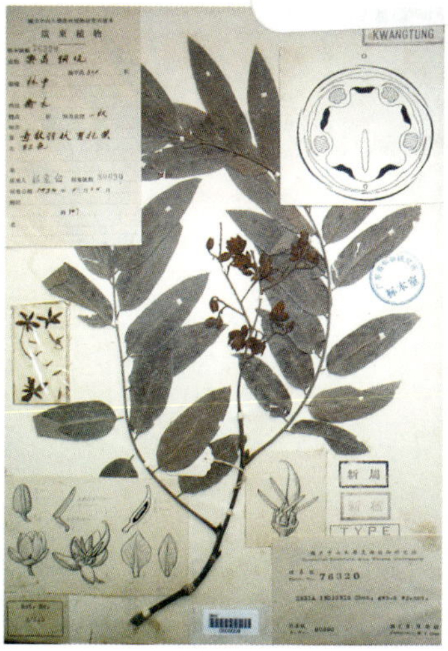

图2 翅荚木模式标本

图3 翅荚木荚果

图4 翅荚木结果

图5 翅荚木种子

翅荚木解剖特征

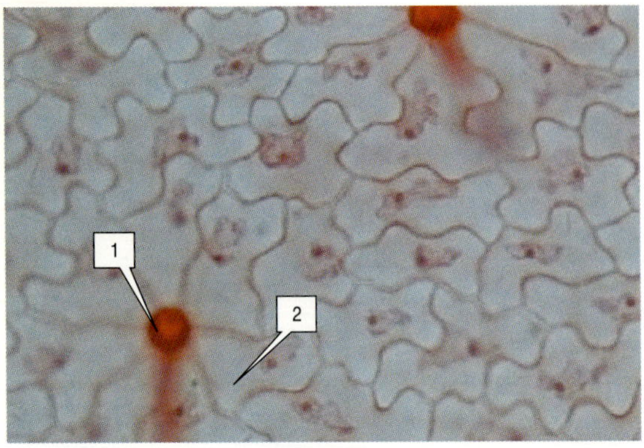

图6 翅荚木叶片上表皮细胞
1. 长毛 2. 短毛

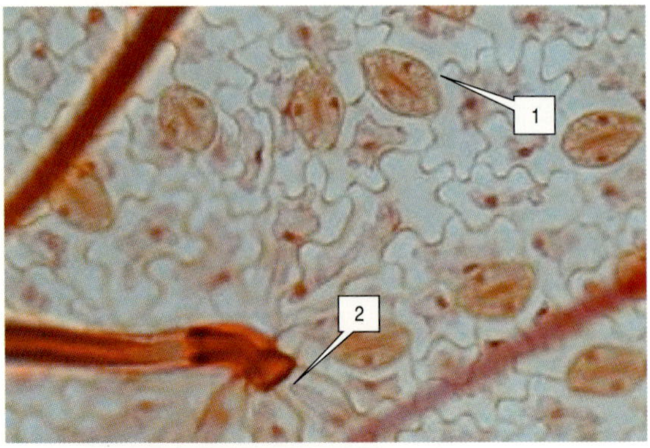

图7 翅荚木叶片下表皮细胞
1. 气孔器 2. 特化细胞

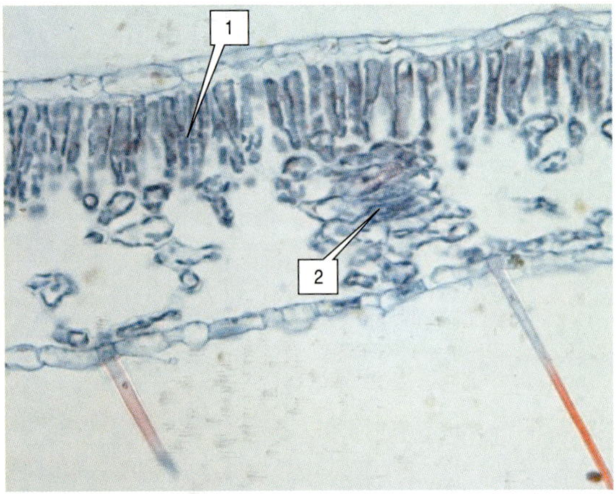

图8 翅荚木叶横切面
1. 栅栏组织 2. 海绵组织

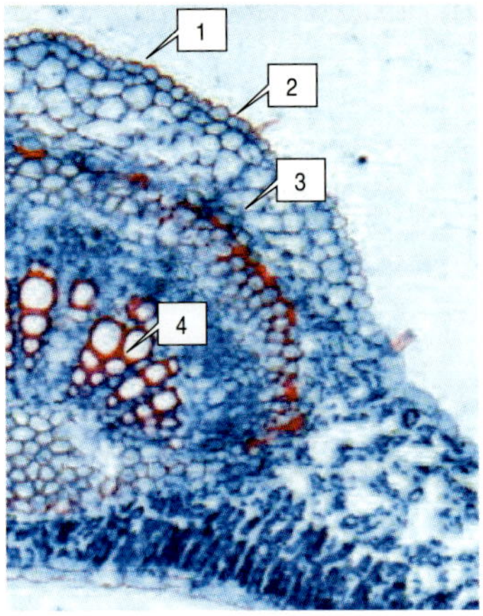

图 9 翅荚木叶片主脉
1. 角质层 2. 表皮 3. 薄壁组织 4. 维管组织

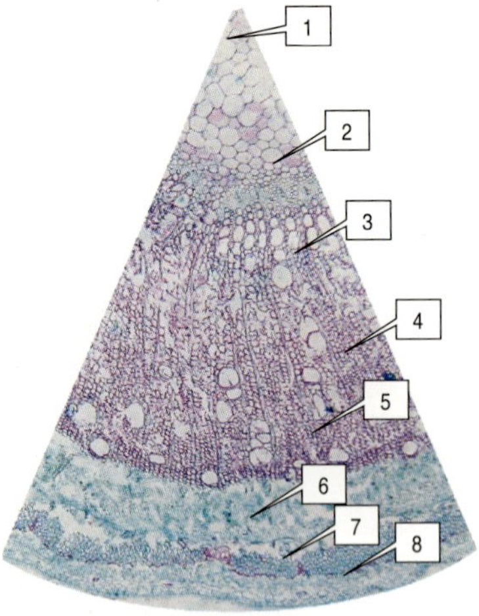

图10 翅荚木茎部分横切面
1. 髓 2. 初生木质部 3. 次生木质部
4. 维管形成层 5. 次生韧皮部
6. 初生韧皮部 7. 皮层 8. 周皮

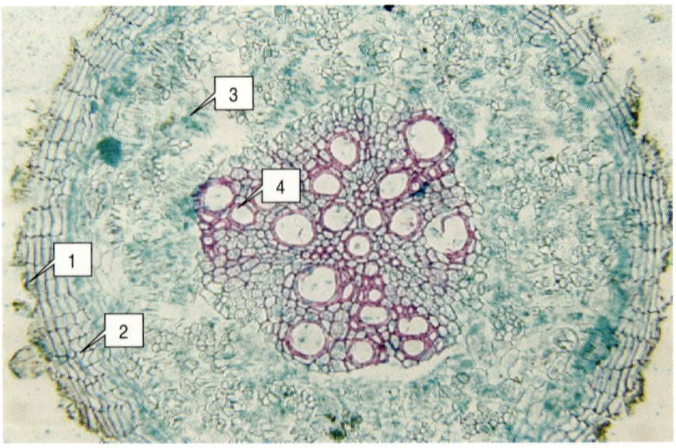

图11 翅荚木根部分横切面
1. 表皮 2. 皮层 3. 中柱鞘 4. 初生木质部

翅荚木天然分布生境与群落特征

图12 广西天然分布的翅荚木群落（广西靖西县三合乡三鲁村）　　图13 广西翅荚木大树王

图15 湖南翅荚木大树王（湖南通道 ）

图14 湖南天然分布的翅荚木群落
（通道县木脚乡龙底自然保护区）

图16 翅荚木生境（湖南通道）

翅荚木引种栽培情况

图17 湖南株洲引种翅荚木生长情况

图18 福建顺昌引种翅荚木生长情况

图19 浙江兰溪引种翅荚木生长情况

图20 江西萍乡引种翅荚木生长情况

翅荚木生长发育过程

图21 翅荚木幼苗期（出苗期）

图22 翅荚木幼苗期（速生期）

图23 翅荚木幼年期

图24 翅荚木壮年期

翅荚木人工林生长情况

图 25 广西翅荚木人工林生长情况（忻城，5 年生）

图 26 湖南翅荚木人工林生长情况（江华，2 年生）

图27 福建引种翅荚木人工林生长情况（顺昌，3年生）

图28 浙江引种翅荚木人工林生长情况（松阳，3年生）

翅荚木种苗繁育

图29 翅荚木播种育苗

图30 翅荚木扦插生根

不定芽的分化

生根培养

完整植株

图31 翅荚木组织培养

翅荚木人工林经营模式与利用

图32 翅荚木集约经营用材林（湖南长沙）

图33 翅荚木矮林作业能源林（广西龙州）

图34 翅荚木头木林作业能源林（广西平果）

图35 翅荚木复合经营（广西天等）

图36 翅荚木退耕还林（广西忻城）

图37 翅荚木生态景观林林（广西漓江）

图38 翅荚木生态防护林（广西桂林）

图39 翅荚木孤立树（云南昆明）

图40 翅荚木四旁绿化（湖南株洲）

图41 翅荚木行道树（广西桂林）

图42 翅荚木风景林（广西桂林）

中国翅荚木

柳新红　何小勇　袁德义　编著

中国林业出版社

图书在版编目(CIP)数据

中国翅荚木/柳新红，何小勇，袁德义　编著．－北京：中国林业出版社，2009.8
ISBN 978-7-5038-5687-7

Ⅰ．中…　Ⅱ．①柳…②何…③袁…　Ⅲ．乔木－中国　Ⅳ．S718.4

中国版本图书馆 CIP 数据核字（2009）第 138352 号

中国林业出版社·环境景观与园林园艺图书出版中心
责任编辑：　吴金友　于界芬
电话：83286967　83229512　　传真：83286967

出版　中国林业出版社(100009　北京西城区刘海胡同 7 号)
E-mail　cfphz@public.bta.net.cn　电话　83224477
网址　www.cfph.com.cn
发行　新华书店北京发行所
印刷　三河市富华印刷包装有限公司
版次　2009 年 11 月第 1 版
印次　2009 年 11 月第 1 次
开本　787mm×1092mm　1/16
印张　9.5　　彩插　8
字数　234 千字
印数　1～2000 册

定价　50.00 元

《中国翅荚木》编委会

主　编　柳新红（浙江省林业科学研究院）
何小勇（浙江省丽水市科学技术协会）
袁德义（中南林业科技大学）

副主编　李因刚（浙江省林业科学研究院）
周全连（广西壮族自治区林业科学研究院）
童方平（湖南省林业科学院）
张　琳（中南林业科技大学）
练发良（浙江省丽水市林业科学研究院）
丰炳财（浙江省淳安县新安江开发总公司）

编　委　（按姓氏笔画排序）

丰炳财　王　旭　王　森　王军峰　王耀辉　刘跃钧　刘福祥
吕明亮　何　林　何小勇　何华林　何成涛　吴林森　张　洁
张　琳　李　贵　李　魏　李因刚　李景词　杨成华　沈　燕
邱劲柏　邹　锋　周　建　周少平　周全连　林秀明　练发良
侯远瑞　柳新红　段经华　赵　勋　郝海坤　唐国梁　徐高福
袁　军　袁德义　黄大勇　黄春元　龚自海　彭佳龙　童方平
葛永金　蒋　瑶　谢建秋　雷海清　魏　来

序

我国树种资源十分丰富，但已被开发利用造林的不多，尤其是阔叶树造林的比重更低。过去在我国南方阔叶树造林比重约占5%左右，近些年国家虽然提倡，但发展速度不快。树种资源不足，特别是阔叶树树种的造林面积比重过低带来了两个严重的问题。一是导致人工林针叶化和生物学上不稳定性，以及地力维护和抵抗病虫灾害能力的减弱；二是导致市场供材的结构性矛盾，阔叶材供不应求。我国林业工作者一直呼吁要改变这种状态。本书的作者近些年致力于一个新发掘树种翅荚木——一种阔叶树的研究推广，是值得叫好的。

翅荚木又名任豆树、任木、砍头树，属苏木科翅荚木属落叶高大乔木，是我国南方20世纪70年代末才被发掘和逐渐推广利用的一个特有珍稀树种，自然分布于广西、广东、湖南、贵州、云南等地。翅荚木适应性强，生长迅速，用途十分广泛，既是工业原材料树种、用材树种，又是能源树种，具有广泛的开发利用价值。特别是它能在石灰岩形成的石漠化地区生长，是一个难得的树种。翅荚木作为翅荚木属特有的单种属植物，野生资源已处于濒危状态，对研究苏木科与蝶形花科之间的演化关系具有重要的科研价值，是国家Ⅱ级重点保护野生植物，世界自然保护联盟的红色名录中的近危种。该树种的研究和开发利用对我国南方发展阔叶树造林，加强石漠化治理和紫色岩、钙质岩、石灰岩等困难立地造林，发展工业原料林和珍贵用材林具有重要的意义。

本书作者为了推动翅荚木这一树种的研究做了大量的工作。他们在不太长的时间里，历经艰辛，潜心研究，开展了翅荚木天然分布和引种调查，种源试验和区域造林试验；开展不同种源的抗低温胁迫能力研究和光合能力的观察，构建了翅荚木ISSR－PCR反应体系，揭示了不同种源的遗传多样性，种群遗传结构及其变异规律；开展了翅荚木良种繁育和人工林经营模式研究，掌握了良种快繁及人工林高效经营关键技术；开展了翅荚木木材材性分析和种菇试验，提出了翅荚木多用途利用途径。这一些研究结果为系统地了解翅荚木这一珍稀树种的遗传多样性、生理生态特性和培育技术奠定了基础。我有幸先睹此书稿，深为这一科研团队的责任意识、使命意识和积极的探索创新精神以及所取得的成果而欣慰。值此付梓之际，欣然应邀作序。希望本书能为翅荚木这一珍稀树种的深入研究和发展造林提供科技支撑做出贡献，也为其他树种资源的挖掘提供宝贵的借鉴经验。

2009年4月9日

前　言

翅荚木(*Zenia insignis* Chun.)又名任豆树、任木、砍头树，属苏木科翅荚木属落叶高大乔木，自然分布于我国广西、广东、湖南、贵州、云南等地，越南也有分布。翅荚木是翅荚木属特有的单种属植物，是国家Ⅱ级重点保护野生植物，世界自然保护联盟(IUCN)的红色名录中的近危种，野生资源已处于濒危状态。翅荚木模式标本是1934年在广东省乐昌采集的，后经著名植物学家陈焕镛先生鉴定为新属，对研究苏木科与蝶形花科之间的演化关系具有重要的科研价值。

传统上，翅荚木是广西等地薪炭用材树种。早在20世纪80年代，中南林学院陈永密教授等对翅荚木就进行过研究，并作为速生用材树种在湖南、湖北、江西、浙江、福建等地推广。21世纪初，全国实施退耕还林工程后，翅荚木作为困难地造林树种在我国西南石漠化地区开始规模化推广应用。以前对翅荚木的研究主要集中在引种栽培上，生理生态、遗传改良等领域均是空白。然而，翅荚木适应性强，生长迅速，萌芽更新能力好，用途十分广泛，它的研究和开发利用对我国南方林区树种结构调整，加大石漠化治理和紫色岩、石灰岩等困难地造林，发展工业原料林，开发生物质能源，振兴林业经济均具有重要的意义。

近20年，我国速生树种的良种选育已经取得了显著的成效。在我国北方平原、江河滩地和沿海滩涂，杨树已显示出其不可替代的速生丰产性能。南方热带与南亚热带地区，随着适生桉树引进和良种选育推广，速生工业原料林迅速发展，有力地推动了林浆纸一体化的进程。而在我国南方中亚热带的广大丘陵山地，因为杨树不能上山，桉树不能耐寒，尚未选出速生性明显占优势的适生树种，极大地影响了业主投资速丰林建设的积极性，也影响了速丰林基地建设的进程。

为了选育适合于浙江省山地栽培的速生原料林树种，为浙西南丽水等地木材加工和食用菌两大资源型产业的可持续发展提供保障，我们从2002年开始，每年行程近万千米进行速生树种调研和引进，翅荚木就是其中重点引种试验的树种之一。2003年，作为丽水市重大科技项目“短轮伐期高效工业原料林定向培育关键技术研究”的内容，开始了翅荚木的育苗和造林试验。2005年，“珍稀速生原料林树种——翅荚木的引种及其繁育技术研究”列入浙江省科技计划项目。2007年，翅荚木作为浙江省重点科技计划项目“特种工艺用材新品种选育和定向培育研究与中试”的主要树种，进行中试推广。与此同时，湖南、广西、福建等地对翅荚木的研究和开发利用也开展了起来。

几年来，我们围绕翅荚木这一树种，相继开展全分布区的生境调查和引种试验，进行了苗木快繁技术研究和区域化造林试验，开展了抗寒生理及光合特性研究，进行了微观上的植物显微分析和分子水平上的遗传多样性分析。

2009年1月，我们完成的“翅荚木遗传多样性及引种培育研究”成果通过了专家组鉴定。鉴定委员会认为该项目对我国特有珍稀速生树种翅荚木全面系统地开展了遗传多样性和引种培育的研究，对该树种的进一步开发利用具有重大的指导意义。同时认为该项目首次开展翅荚木遗传多样性、抗寒生理、光合特性等方面的研究，成果达到国际同类研究先进水平。

目前，翅荚木的种子育苗和引种造林技术已趋成熟，木材综合利用技术研究也已取得一定进展，但其良种选育等工作刚刚展开，生理生态特性研究甚少。今后应加大优良种源的优树选择、子代测定等遗传改良的力度，选育翅荚木良种，特别是要加强耐低温胁迫的研究，利用基因工程等生物技术提高翅荚木良种的耐寒性。我们希望本书的出版，能够推动翅荚木的深入研究和造林推广，使这一珍稀速生树种更多地造福人民！

本书的研究和出版得到了浙江省科技厅、国内有关高校、科研院所和林业部门的大力支持。国务院参事、中国林业科学研究院首席科学家盛炜彤先生在百忙中抽出时间，不仅完成了本书审稿工作，而且欣然作序。在此一并深表感谢！

由于编著时间仓促，许多研究试验时间短，深度不够，有不妥之处，敬请大家批评指正。

编者

2009 年 4 月 5 日

Preface

Zenia insignis Chun. , also known as Rendou tree, Renmu, and Kantou tree, is tall deciduous tree species of Caesalpiniaceae family. It is widely distributed in Guangxi, Guangdong, Hunan, Guizhou, Yunnan, and Vietnam, which belongs to national key protected wild plants of second class and has been listed as Near Threatened (nt) species by the World Conservation Union (ICUN) since the wild resources are endangered. The type specimen of *Z. insignis* was first collected in Lechang city, Guangdong province that was subsequently identified as new genus by the famous Chinese botanist professor Chen Huanyong, which is of great scientific value for studying evolution relation between Caesalpiniaceae and Papilionoideae.

Z. insignis is usually used as a fuelwood and timber species mainly in Guangxi. In the 1980s, the professor Chen Yongmi of Central South Forestry University had conducted a series studies on *Z. insignis* that was used as fast-growing timber tree in Hunan, Hubei, Jiangxi, Zhejiang, and Fujian etc. At the beginning of this century, *Z. insignis* was extended on a large scale in Southwest China. Previous studies on *Z. insignis* are concentrated in the introduction and cultivation field, whereas the physiological ecology and genetic improvement field is a blank space. *Z. insignis* has many obvious advantages such as strong adaptability, fast-growing, and coppice regeneration, which facilitates the extensive uses in many fields. Studies, exploitation and utilization of *Z. insignis* are great of importance to species structure adjustment in forest regions of southern China, rocky desertification control, afforestation, development of industry material and bio-energy forest, and revitalization of the forestry economy.

In the last two decades, improved varieties selecting and breeding in fast-growing tree species has obtained remarkable achievement. Poplar (*Populus* sp.) exhibits irreplaceable fast-growing and high-yielding capability in the plain, floodplain of rivers, and coastal shoal in North China. With the introduction and selecting and breeding of Eucalyptus in tropic and sub-tropic regions in south China, fast-growing industry material forest began to rapidly extend, which pushed the process of integrating production of timber, pulp, and paper. Both poplar and Eucalyptus are not suitable for the southern subtropical bill land in China, however, affecting the construction of fast-growing and high-yielding forest base.

To select and breed fast-growing industry material forest species suitable for mountain land in Zhejiang and guarantee the sustainable development of wood processing and edible fungus resources industries in Lishui, Zhejiang, we have been investigating, surveying, and introducing fast-growing species since 2002 of which the *Z. insignis* is the emphatically introduced and studied one. In 2003, seedling and forestation experiments were carried as part research contents of Lishui graveness scientific project "key techniques of definite cultivating industry material forest of short rotation and high-yielding". In 2005, "research on introduction and breeding technology of *Z. insignis*, a rare and fast-growing industry material forest species" project has been listed as a science and technology plan project in Zhejiang Province. In 2007, *Z. insignis* was extended as the main species included in the Zhejiang science and technology plan project "selection, breeding and test of new timber tree species with special arts and crafts". Furthermore, studies, exploitation and utilization of *Z. insignis* in Hunan, Guangxi, and Fujian were also carried out.

For the past several years, we have performed series studies of *Z. insignis* on habitat survey, introduction tests, rapid reproduction technology studies, regionalization forestation, cold-tolerance physiology, photosynthetic characters, microscopic analysis, and genetic diversity analysis.

The research result of genetic diversity, introduction, and cultivation of*Z. insignis* finished by the contributors of this book was approved by the expert group in January, 2009. The expert group suggested that the research result encompassed genetic diversity, introduction and cultivation of *Z. insignis*, and had important directive significance to exploitation and utilization of *Z. insignis*. In addition, the project first investigated genetic diversity, cold-tolerance physiology, and photosynthetic characters, and the research result reached advanced international standards.

Currently, the seed production, introduction, and forestation techniques have matured and certain progress has been made in the lumber use techniques, but the studies on improved varieties selecting and breeding and physioecological characteristics have just been initiated. In further work, studies on genetic improvement including fine provenance selection and progeny test should be carried out. The further studies should especially focus on resistance to low temperature stress and improve the cold tolerance of *Z. insignis* by genetic engineering. We hope that the publication of this book can promote in-depth study and extension of *Z. insignis*, which makes this tree species benefit the people.

For the sake of the achievement of this book, Science and Technology Department of Zhejiang Province, some related universities, research institutes, and forest departments assisted. Professor Sheng Weitong, the State Council advisors and Principal Scientist of Chinese Academy of Forestry takes time out of his busy schedule to review and preface this book. We tender them our sincere thanks here too.

As time is limited, some experiments have not lasted long, and the degree of research is not enough, errors and shortages should exist. Welcome comment and suggestion, therefore we can improve it in revised edition.

Authors

April 5, 2009

目　录

第1章　翅荚木生物学特性

翅荚木(*Zenia insignis* Chun.)又名任豆树、任木、砍头树，属苏木科翅荚木属落叶高大乔木。翅荚木天然分布于广西、广东、湖南、贵州、云南等地(中国科学院植物研究所，1980)，在越南北部也有分布。本章将主要从翅荚木的形态解剖、自然分布情况和生长发育规律等方面对其生物学特性进行阐述。

翅荚木的生物学特性可分为两大部分，即植物学特性和生态学特性。前者指翅荚木本身在个体生长发育中所表现出的形态特征和一般规律，后者指翅荚木的栽培分布与外界环境条件之间所显现出的相关关系。翅荚木个体生长发育规律，除受遗传因子决定外，还受周围环境的影响。翅荚木适应性强，生长迅速，用途广泛，具有独特的生物学特性。

1.1　翅荚木形态特征

翅荚木为落叶大乔木，其树形高大通直，高20~30m，胸径可达1m；小枝黑褐色，散生有黄白色的小皮孔；幼树皮灰绿色，老时棕褐色，纵纹状浅裂；树冠伞形，枝条开展。芽纺缍状椭圆形，有少数鳞片，初时被黄色柔毛，后渐脱落。一回奇数状复叶，互生，长25~45cm；小叶薄革质19~27枚，互生或近对生，长圆状披针形，长5~9cm，宽2~3cm，先端急尖或渐尖，基部圆形，边全缘，上面无毛，下面密生白色平贴短柔毛；小叶柄长2~3mm，疏被柔毛。翅荚木童期较长，生育期较晚，10年左右开花，花期因地而异，一般4~5月，花红色，近辐射对称，长约14mm；顶生聚伞状圆锥花序；花梗和总花梗有黄色或棕色柔毛；苞片小，狭卵形，早落；萼片5，厚膜质，长圆形，稍不等大，长10~12mm；花瓣比萼片稍长，倒卵形，最上面的1枚花瓣较阔；雄蕊4(5)，花丝疏生黄色柔毛，花药长6mm，宽1mm；子房通常有胚珠7~9颗，边缘疏生柔毛，胚珠落在背缝线，子房具柄，长4mm。其果实为荚果，红综色，长圆形或长圆状椭圆形，长10~15cm，宽3~3.8cm，沿背缝有翅，翅宽0.6~1cm；膜质纤维网明显，每个荚果内有种子7~9粒，子叶两片紧夹种胚，种子排列在离背缝线4~5mm处，种与种子之间相隔5~6mm，种子长6.6mm，宽4.5mm，厚1.2mm，扁平、近圆形，棕黑色，平滑有光泽、坚硬，7~10月成熟(在广西为7月，在湖南为10月)，熟时不开裂(中国植物志，1988；陈永密等，1989)。

1.2　翅荚木解剖学特征

1.2.1　叶

翅荚木叶的形态构造不仅与它的生理机能相适应，而且与它所处的外界条件(即生态条件)也是相适应的。不同种源的翅荚木因其生态条件的不同，叶片结构也有所不同，但所有翅荚木除因地理种源的不同而在表皮毛长短和气孔密度等方面有较显著的差异外，叶片基本结构是相似的。

通过表皮制片观察，翅荚木叶表皮细胞为1层，多为矩形、多角形，无规则排列；细胞垂周壁呈“U”形、“V”形起伏；细胞表面纹饰局部加厚，上表皮比下表皮明显。表皮上分布有气孔，呈椭圆形，由2个半圆形的气孔开口、保卫细胞组成。气孔主要集中在下表皮，在上表皮上仅有零星分布。表皮上还有表皮毛，表皮毛无头部，只有柄部和根部，柄部为单细胞，根部为圆钉状，基部细胞常特化为辐射状，在上下表皮均有分布；上表皮大部分为单细胞的先端钩状的短表皮毛，夹生少量的长毛；下表皮毛由少量的短钩状毛和略弯曲或直立的长毛组成。

翅荚木叶片为异面叶，叶片横切面从上到下由上表皮、栅栏组织、海绵组织、下表皮四部分组成。表皮由单层细胞构成；叶肉组织中的栅栏组织(palisade tissue)由1层细胞构成，呈圆柱形，排列紧密，约占叶肉的1/3～1/2；海绵组织(spongy tissue)细胞较大，不规则排列，细胞间隙发达，约占叶肉的1/2～2/3。叶中输导组织主脉明显，主脉由角质层(stratum corneum)、表皮细胞(epidermal cell)、薄壁组织(parenchyma tissue)及维管组织(vascular tissue)组成。维管组织发达，由维管束鞘和维管束组成，排列成半圆形，维管束的韧皮部和木质部分化明显。

1.2.2 茎

翅荚木幼茎的颜色多呈绿色，具有一定的光合能力，幼茎的表皮细胞近方形，细胞排列紧密，没有细胞间隙。在茎的表皮上还分布着腺毛(glandular hair)。腺毛一般由3个细胞组成，柄细胞1个，顶细胞2个。

翅荚木茎的初生构造从外到内依次为表皮、皮层和中柱。表皮位于幼茎最外一层生活细胞，细胞形状规则，多近于方形，细胞排列紧密，无胞间隙。皮层位于表皮内方，由多成生活的薄壁细胞构成，细胞较大，排列疏松，有胞间隙，细胞内常含有叶绿体，故被固绿染成绿色。中柱包括中柱鞘(pericycle)、维管束(vascular cylinder)、髓(pith)和髓射线(pith ray)4部分。中柱鞘为中柱的最外层，由几层薄壁细胞组成。维管束内有明显的初生木质部(primary xylem)、初生韧皮部(primary phloem)和维管形成层(vascular cambium)。初生韧皮部在外，初生木质部在内，为典型的外韧维管束(collateral bundle)。茎的中间部分为面积较大的髓部(pith)，细胞呈圆形排列较紧密，细胞间隙小。维管束之间存在髓射线结构，由活的薄壁细胞组成，在横切面上呈放射状排列。

翅荚木茎的次生结构由维管形成层、次生木质部和次生韧皮部组成。维管形成层由束中形成层(intrafascicular cambium)和束间形成层(interfascicular cambium)组成；次生木质部(secondary xylem)有排列整齐的导管(vessel)、管胞(tracheid)和木射线(wood ray)。导管腔大小不一。次生韧皮部(secondary phloem)在横切面积上所占面积比较小，各组成成分排列也不太规则。在次生韧皮部中，有明显的韧皮纤维(phloem fiber)。

1.2.3 根

对翅荚木幼根进行解剖，可以看到由表皮(epidermis)、皮层(cortex)和维管柱(vascular cylinder)(维管柱又称中柱，stele)等初生结构。幼根表皮由5～6层细胞组成，细胞呈长方形，其长轴与圆周平行，细胞排列紧密，没有细胞间隙。皮层由多层生活的薄壁细胞组成，细胞呈圆形或椭圆形，细胞排列疏松，有明显的胞间隙。中柱鞘(pericycle)位于维管柱的最外层，由活的薄壁细胞组成。在中柱鞘内，可以看到初生木质部的原生木质部导管(protoxylem)分化出来，共有5束。同时在横切面上，可以看到次生木质部导管也已经形成，导管(vessel)直达根中心部位。没有看到髓(pith)的存在。

1.3 翅荚木天然分布

翅荚木是热带、南亚热带至中亚热带分布的树种，其模式标本是1934年在广东乐昌采集的，后经我国著名植物学家陈焕镛鉴定为新属，是单种属(Chen H. Y.，1946)。按吴征镒(1991)对中国种子植物属的分布类型的划分，翅荚木是热带亚洲—印度—马来西亚—越南(或中南半岛)至华南(或西南)分布的植物，主要分布于广西西南石灰岩山区，西至云南南部，北达贵州西南部、湖南东南部及广东北部海拔200~1000m的山谷或山坡林中。在江西的马头山自然保护区也有分布记录(裘利洪等，2005)。在越南北部也有分布。

1.3.1 天然分布

翅荚木在广西为广布种。主要分布在广西西部、西南和中北部分石山地区，生于海拔200~1000m的山谷或山坡。据测算，在广西翅荚木野生资源分布面积达9442.28hm^2，总株数达137.55万株，蓄积量为97 442m^3(刘演等，2002)。在靖西县三合乡三鲁村石山，发现最大的翅荚木树王，其树高49.5m，主干高20m，胸径1.90m，主干材积达31m^3，冠幅21m×26m，树龄约270年。该树与旁边的2株直径120cm的枫香(*Liquidambar formosana*)和数十株胸径都在60cm以上的翅荚木形成群落，极为壮观(韦健康，2002)。

翅荚木在广东石灰岩地区形成特殊的植物群落类型。在广东西北的阳山、连南、连县、乐昌等地多呈小片分布，在西部的怀集、罗定、云浮、阳春等地亦有分布，垂直分布在80~200m。在广东西北部的一些河谷丘陵，大多作为村边风水林保存下来；在广东北部石灰岩山区，也多为风水林零星分布；在西南部华集县的桥头、阳春的春湾、云浮市的富林等地，局部可见翅荚木的萌生疏林，而大面积的为灌丛(敖惠修等，1997)。在阳山县仍然有翅荚木天然次生林60hm^2(唐兰芳，1998)。

湖南湘西是翅荚木天然分布的北缘，保靖县白云山自然保护区是已见翅荚木分布纬度最高的区域。在湖南洞口、道县、靖县、江华、江永、绥宁、城步、新宁、通道等县的深山老林中可见翅荚木(陈永密等，1989)。在通道县木脚乡龙底保护区内海拔300~600m的溪旁、沟谷和缓坡地，可见翅荚木群落分布。根据我们2005年10月实地调查，在通道县木脚乡最大一株翅荚木胸径达1.49m，高达40m。

翅荚木在贵州主要分布在黔西南地区。在罗甸、荔波、三都、独山、兴义、安龙、册亨、望谟、丹寨及梵净山等地可见翅荚木分布，尤其以沿南北盘江、红水河谷两侧山地沟谷为多。在梵净山黑湾河及罗甸凤亭八量一带，植被破坏较少，形成小片状群落，其他地方现存植株已很零散，多属萌生的灌丛。在册亨、荔波、安龙、兴义等地，翅荚木一般垂直分布于海拔450~970m(方小平等，1996)。

云南是我国翅荚木天然分布的西端。在金平分水岭国家级自然保护区、大围山国家级自然保护区等地均有分布记录(莫明忠，2003；王娟等，2006)。

1.3.2 生境特点

翅荚木天然分布区的气候特征大致是：在南亚热带，年平均气温16.2～22.1℃，最热月平均气温28～29℃，极端最高气温39.9℃，最冷月平均气温10～14℃，绝对最低温－5.6℃，有效积温6000～7500℃；年日照时数为1557.4h，光照充足，太阳总辐射量为4620MJ・m^{-2}；年降雨量1036.9～1815.1mm，年蒸发量1061.1～2051.5mm。在中亚热带，年平均气温为16～21℃，1月平均气温5～12℃，7月平均气温25～30℃，有效积温4000～6500℃，年降雨量1000～1500mm。在可见翅荚木群落分布的北缘湖南省通道县，年平均气温16.3℃，7月平均气温26.2℃，极端最高气温37.5℃，1月平均气温5.2℃，绝对最低温－7.3℃，有效积温4914℃；年降雨量1480.7mm，雨水较为集中，在春夏两季，平均年降水日数183d，平均年雾日91d，平均年相对温度83%；全年日照时数1400.3h，平均每年冰冻22d；全年太阳总辐射量为4276MJ・m^{-2}(陈永密等，1989)。

翅荚木属喜光树种，不耐荫蔽和水淹，但稍耐水湿。翅荚木天然分布区地貌以丘陵为主；土壤以红色石灰土和黑色石灰土为主，土层浅薄，结构黏紧，有机质含量较高，一般达3%～9%，多呈中性至碱性，pH6.5～7.6，碳酸钙含量3%～6%。翅荚木在非石灰岩丘陵地区亦有零星分布。

1.3.3 群落特征

翅荚木天然林既不同于南亚热带常绿阔叶林，也有别于中亚热带常绿落叶阔叶林，而是独具特色的中亚热带石灰岩常绿落叶阔叶混交林类型(张祝平等，1996)。在非石灰岩分布区，翅荚木分布在多种气候带交错的复杂的植物群落中，群落结构比较复杂，层间植物数量多，成层现象明显。如在湖南省通道县木脚乡龙底保护区，翅荚木与枫香、臭椿(*Ailanthus altissima*)、糙叶树(*Aphananthe aspera*)、四川朴(*C. vandervoetians*)、沉水樟(*Chinamomum micranthum*)、青冈栎(*Cyclobalanopsis glauca*)等混生或成小块群落分布(张海浪等，2003)。在石灰岩地区，翅荚木群落结构比较简单，层间植物数量不多，但种类较多，成层现象明显。如在广东省阳山县水口镇海拔80～120m的峰丛谷地，翅荚木的重要值为78.37，既是优势种，也是建群种；群落组成以大戟科(Euphorbiaceae)、苏木科(Caesalpiniaceae)、芸香科(Rutaceae)、蔷薇科(Rosaceae)的种类为主。根据伴生种的不同，广东西北部石灰岩地区的翅荚木群落可分为翅荚木－海红豆(*Adenanthera pavonina* var. *microsperma*)－朴树(*Celtis sinesis*)群落、翅荚木－椤木石楠(*Photinia davidsoniae*)－青冈栎群落和翅荚木－朴树－假苹婆(*Sterculia lanceolata*)群落(敖惠修等，1997)，群落的主要特点如下。

1.3.3.1 种类组成

翅荚木群落的组成种类比较丰富。据阳山县水口镇鸭仔塘村和牛迳村背山1.5hm^2林地统计，共有维管束植物99种，其中被子植物92种(包括乔木35、灌木18种、草本17种、藤本22种)，蕨类植物7种。植物的地理分布，以热带、亚热带分布为主，亦有不少北方温带成分，以及较多的喜钙植物。群落的主要组成种类为翅荚木，其次为海红豆、朴树、铁榄(*Sinosideroxylon wightianum*)、桂花(*Osmanthus fragrans*)、黄梨木(*Boniodedron minius*)等。群落分布地区不同，其组成种类有差异，除翅荚木外，北部还有青冈栎、椤木石楠、黄连木(*Pistacia chinensis*)等，而西南部则以朴树、榕树(*Ficus* spp.)、假苹婆等为多。

1.3.3.2 群落外貌

根据对阳山县水口翅荚木群落的植物种进行生活型划分得知，群落以高位芽植物为主，地面芽植物次之。地上芽、地下芽和一年生植物最少。无大高位芽，中高位芽占20%，其中落叶成分略多于常绿成分，比例为52∶48。小高位芽植物占25%，矮高位芽植物占12%，两者均以常绿成分为主。藤本高位芽植物占23%，以常绿为主。地面芽植物亦以常绿种类为主，其中以常绿蕨类为多。地下芽植物则多鳞茎、球根、球茎类，如石蒜（*Lycoris radiata*）、沿阶草（*Ophiopogon japonicus*）、魔芋（*Amorphophallus rivieri*）等，地上芽和一年生植物只在少数地方出现。

与同地带的常绿阔叶林相比，由于翅荚木群落生境干旱，土层浅薄，因而落叶种类较多，同时为了充分利用空间环境，藤本植物也较多。

翅荚木群落叶的性质与南亚热带常绿阔叶林及中亚热带典型常绿阔叶林相比，其小型叶、革质叶、复叶种类比例稍大，属于比较耐干旱的群落类型。

1.3.3.3 群落结构

翅荚木群落成层现象比较明显，通常可分为乔木层、灌木层和草本层。乔木层又可分为两个亚层：上层乔木高度12～22m，除翅荚木外，还有海红豆、朴树、黄连木等；下层乔木高3～8m，以常绿树种为主，如假苹婆、青冈栎、铁榄（*Sinosideroxylon pedunculatum*）、桂花等。人为干扰严重的地段，乔木层则只有一层。灌木层植物一般高2m以下，覆盖度明显受乔木层疏密及人为干扰强弱影响。植物种类主要有白皮乌口树（*Tarenna depauperata*）、狗骨柴（*Tricalysia dubia*）、野黄皮（*Clavsena excavata*）、石岩枫（*Mallotus repandus*）、苎麻（*Boehmeria nivea*）、红背山麻杆（*Alchornea treuioides*）、龙须藤（*Bauhinia championi*）、皱叶雀梅藤（*Sageretia rugosa*）等，以及乔木层的幼树。草本层植物一般高80cm以下，常见植物种类有苔草（*Carex* spp.）、沿阶草（*Ophiopogon* spp.）、铁线蕨（*Adantum* spp.）、卷柏（*Selaginella* spp.）、魔芋（*Amorphophallus rivieri*）以及上层阔叶树的幼苗等。

翅荚木群落层间植物虽不发达，特别是寄生植物很少见，但藤本植物种类较多，占总种数23%。常见植物有鸡矢藤（*Paederia scandens*）、络石（*Trachelospermum jasminoides*）、野葡萄（*Ampelopsis delavayana*）、鸡血藤（*Millettia reticulata*）、防己（*Stephania* spp.）等。附生植物多数是苔藓植物，也有少数附生在阴湿树干基部和岩石上的蕨类植物，如槲蕨（*Drynaria fartunei*）、星蕨（*Microsorium punctatum*）等。

1.3.3.4 群落动态

翅荚木群落是石灰岩常绿落叶阔叶混交林演替阶段中的一个次生群落类型。其只具有上层乔木，缺乏中、下层幼树和幼苗，属于衰退种群。群落中另一些主要种类如海红豆、假苹婆、桂花、菜豆树（*Radermachera sinca*）、黄梨木、朴树等，均具有一定数量的上层乔木，中、下层幼树及幼苗，是各发育阶段完整的稳定种群。说明群落生境比较适合其生长繁殖，如不遭人为破坏，将在相当长时期内将保持稳定发展，成为本地区的石灰岩常绿落叶阔叶混交林类型。

本群落的主要种群翅荚木是喜光树种，萌生力强，当群落受人为破坏后，会萌生形成翅荚木次生林。次生林若经反复破坏，会沦为石灰岩灌丛以至石灰岩草坡。

1.4 翅荚木引种概况

翅荚木是我国南方发掘的一个珍稀树种。在20世纪80年代陈永密等人进行深入研究后，湖南、湖北、江西、浙江、福建、广东、广西、江苏、四川、云南及贵州等地均进行引种栽培试验(陈永密等，1989)。目前，已经引种翅荚木最北是纬度N31°26′四川省三台；海拔最高的是在湖北省恩施，达700m。从南亚热带广西采种的翅荚木在江西萍乡以南引种基本成功，从中亚热带湖南通道引种到浙西南低海拔山区表现了较强的适应能力(吕志锦等，1989；覃志刚等，1992；何义发等，1996；陈亮明等，1997；曾广腾等，2004；柳新红等，2005；童方平等，2005)。各地引种情况见表1.1。

表1.1 翅荚木引种栽培情况

Table 1.1 Introduction and cultivation of *Z. insignis*

引种地	地理位置			引种时间(年)	采种地	生长情况
	经度	纬度	海拔(m)			
四川三台	E105°02′	N31°26′	500~600	1984	广西	营养生长良好
湖北恩施	E109°29′	N30°16′	700	1992	广西	冬季冻害严重
江西萍乡	E113°51′	N27°37′	112		广西	遇-9.6℃极端低温，地上部分有冻害
福建柘荣	E119°54′	N27°15′		1988	广西	生长良好，海拔高于600m不适应
福建安溪	E118°09′	N25°04′		2001	广西	苗木生产快，长势好
湖南娄底	E111°54′	N27°48′	120~440	1983	广西	海拔高于300m部分冻死
湖南蓝山	E112°12′	N25°35′		1988	广西	在海拔270m以下生长良好
湖南益阳	E112°21′	N28°36′		1988~1992	广西平果	苗木遇低温严重冻害
				1988~1992	湖南通道	生长良好
湖南株洲	E109°45′	N27°50′	76	1988~1992	广西平果	苗木有冻害
				1988~1992	湖南通道	生长正常
浙江兰溪	E119°29′	N29°11′		1988	广西	存活3株，大树生长良好
浙江丽水	E119°55′	N28°27′	230	2004	广西靖西	苗期冻害，造林后生长正常
				2005	湖南通道	苗期基本无冻害，造林后生长正常

植物的表现型是基因型与环境相互作用的结果，引种是否成功在于植物对环境条件的适应性大小及其遗传特性。根据“气候相似论”原理，原产地和引入地生态环境，尤其是气候因素方面的相似程度是引种成功的关键，从低纬的高海拔地区引种到高纬的低海拔地区易成功。从各地引种的情况来看，寒害是制约翅荚木引种成功的制约因子。因此，耐寒种源的筛选与驯化，是翅荚木向北引种栽培需要解决的关键技术问题。

1.5 翅荚木生长规律

翅荚木的生长发育规律主要包括翅荚木个体生长发育节律及林分群体生长发育进程等。通过观测、调查和分析翅荚木个体和林分的生长发育规律，将其变化趋势分为若干生长发育阶段，可作为研究和制定合理营林措施的依据。

1.5.1　个体生长发育

翅荚木的个体生长发育规律，与许多用材树种一样，都是从受精卵开始，发育成胚胎，形成种子，萌发成幼苗，长成大树，开花结实至衰老死亡的全部过程。翅荚木的生命周期一般经过幼苗期、幼年期、青年期、壮年期和衰老期5个不同的生长发育时期。

1.5.1.1　幼苗期

翅荚木幼苗期主要指翅荚木从播种到秋季苗木生长结束这一时期，根据翅荚木在一年内的生长特点，又可以分为4个阶段，即出苗期、生长初期、速生期和苗木硬化期。

(1)出苗期。翅荚木萌芽类型为出土型。据方小平等(1996)在贵州省贵阳翅荚木播种观测，翅荚木种子在播种后50d开始发芽，出现第一片真叶。第55d出现第二片真叶。第59d幼苗普遍长出真叶，第85d出现第4~5片真叶。此时，部分子叶脱落，地上部分发生部分分枝，第140d子叶全部脱落。我们在浙江省丽水市播种，翅荚木种子2月中旬播种，其出苗所需时间约为19d，随着播种时间的延迟，出苗所需时间也逐渐缩短，到5月上旬播种只需7d就可以出苗。

(2)生长初期。翅荚木生长初期是指翅荚木从地上长出真叶、地下生出侧根开始，到高生长量较快上升时为止。这个时期翅荚木幼苗的高生长较为缓慢，根系生长较快。翅荚木生长初期幼苗的营养主要来源于光合作用所产生的营养物质，此时苗木幼嫩，对外界不利环境的抵抗力很低。翅荚木的生长初期，一般持续40d即转入速生期(卢又伟等，1991)。

(3)速生期。翅荚木速生期是指从苗木高生长量大幅上升到高生长量大幅下降的这一段时间。这是决定翅荚木苗木质量的关键时期。翅荚木的苗木速生期在湖南地区为80天左右。这一时期翅荚木苗高生长高峰和地径生长高峰基本同步，苗高和地径的生长量分别占全年的78.19%和60.49%，高、径净生长分别达209.49cm和1.07cm(卢又伟等，1991)。此期翅荚木地上部分和根系生长量都大，主根最长达37cm，最粗为2.6cm，平均长30.7cm，平均粗1.76cm，根系发达，枝繁叶茂，形成发达的营养器官。根系能吸收较多的水分和各种营养元素，地上部分的光合作用增强，能制造足够支持生长的碳水化合物(方小平等，1996)。

(4)苗木硬化期。翅荚木苗木硬化期又称苗木生长后期，是指翅荚木地上部分和地下部分充分木质化进入休眠的时期。从翅荚木高生长量大幅度下降时开始，到苗木直径和根系生长停止时为止。翅荚木苗木硬化期时间，大约为30d(卢又伟等，1991)。这一时期翅荚木的高生长速度开始缓慢下降。在翅荚木硬化期，苗木体内含水量开始逐渐降低，生理代谢速度减慢，干物质增加，营养元素的积累占总吸收量的53.22%；营养物质转入贮藏状态，各器官贮藏营养元素的排序为茎>根>叶(卢又伟等，1991)，苗木逐渐达到完全木质化的程度，抗性提高。11月上旬，叶柄逐渐形成离层而脱落，进入休眠期。

1.5.1.2　幼年期

翅荚木的幼年期是指翅荚木从幼苗期开始，到第一次开花结实时为止的个体发育阶段。在幼年发育时期，翅荚木童期特性明显，可塑性大，对环境条件适应性强，枝条的再生萌发能力强，比较容易生根，适于营养繁殖。如在广西忻城等地，翅荚木在退耕林中大量运用，幼年期生长良好，适应性强。

在这一时期，翅荚木从种子萌发，幼根生长，随后幼茎出土、展叶、抽条等，都是以营养生长为主，是翅荚木积累营养物质的时期。此时翅荚木尚未形成生殖器官，没有形成性细胞的能力，不能开花结实。到了幼年期后期，随着营养物质积累的不断增多，翅荚木开始从营养生长向生殖生长转化，开始进行花芽分化，为开花结实准备条件。

1.5.1.3 青年期

通常，翅荚木从种子萌发后一般要经过10年左右才能开花结实。从第一次开花结实开始，到大量结实为止，为翅荚木的青年期。在青年发育阶段，翅荚木积累了充足的营养物质，在适宜的环境条件(如温度、养分、水分和光照等)下，开始由营养生长转入生殖生长，产生能够形成生殖器官和性细胞的质变过程，分化出花芽，开始开花结实。但是，在这一时期，翅荚木仍以营养生长为主，生长较快，分枝速度、冠幅扩大及根系生长等也都比较快。青年期的翅荚木种子结实量不多，果实和种粒较饱满，种子可塑性较大，是引种的好材料。

1.5.1.4 壮年期

翅荚木发育的壮年期又称结实盛期，是从开始大量结实起，到结实开始衰退为止。在这个时期中，翅荚木大量结实，种粒饱满，产量高，质量好，是采种最佳时期。同时，结果枝的生长及根系生长都达到最高峰，冠幅充分扩大，林木对养分、水分和光照条件的要求高，对不良环境条件的抗性强。另外，翅荚木可塑性大大减弱，生物学特性稳定。在湖南省江华县四旁种植的15年生壮年期的翅荚木，胸径49.0cm，树高24m，已经大量开花结果。

1.5.1.5 老年期

从结实量大幅度下降开始，翅荚木发育进入老年期阶段。进入老年阶段以后，翅荚木失去可塑性，生理功能明显衰退，新生枝条的数量显著减少，翅荚木主干茎末端和小侧枝开始枯死(枯梢)，抗逆能力大大下降，容易遭受病虫害，结实量大大减少，种粒小，在生产上应用价值明显降低。

1.5.2 群体生长发育规律

翅荚木群体的生长发育带有个体生长发育的一些特征，也遵循个体生长发育的一些基本规律。在造林更新后郁闭前，翅荚木幼苗及幼树的生长均属于个体生长，其生长发育遵循个体生长发育的基本规律，翅荚木林分群体结构的特征尚未表现出来。翅荚木林分郁闭后形成林木群体，其生长发育不仅具有个体生长发育的特征，还具有由林木之间的相互作用而产生的群体生长发育的特点。

1.5.2.1 天然林生长规律

翅荚木在天然林中多以阔叶混交林形式存在，为了探索其在天然林分中的生长规律，陈永密等(1989)在南亚热带及中亚热带分别伐取了翅荚木解析木进行分析，其结果如下：

(1)在南亚热带翅荚木解析木的生长情况。陈永密等(1989)在广西平果县果化乡龙东村的天然林中伐倒一株19年生的翅荚木做树干解析。平果县属高温多雨南亚热带季风气候，光照充足，雨量充沛，年平均气温为22.09℃，年平均降水量为1313.76mm，无霜期345d以上，每年降雨主要集中在6~9月。解析木树高12.56m，胸径26.5cm，单株材积0.4106m^3，其胸径和树高生长进程见图1.1。

从以上19年生天然林翅荚木树干解析情况可以看出，2~8年生时，树高呈快速生长时期，年平均树高生长达1.9m；胸径有两个速生阶段，分别出现在2~8年和12~18年，

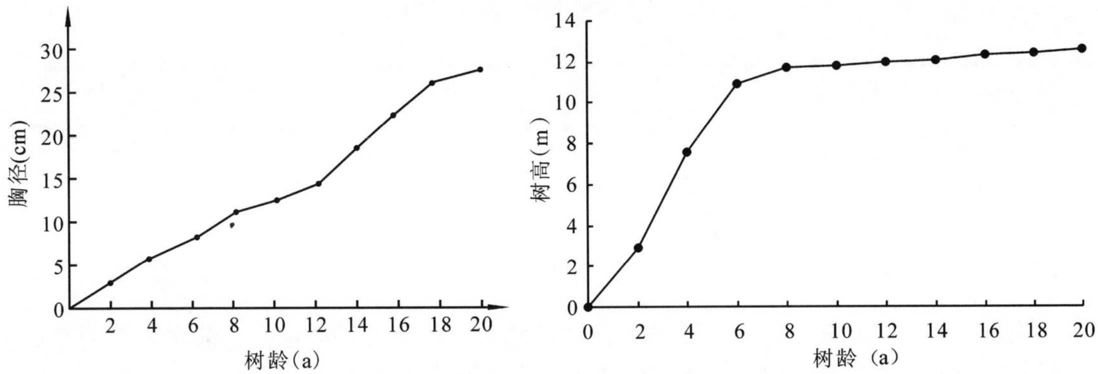

图1.1 翅荚木解析木胸径和树高生长进程曲线图

Figure 1.1 Growth curves of diameter and height of analytic trees *Z. insignis*

第2年和第18年的平均生长量分别为1.5cm和1.43cm；材积生长最快是3~19年，16年生达到高峰期，年平均材积生长量达0.0239m^3。

(2)在中亚热带翅荚木解析木的生长情况。陈永密等(1989)在湖南省通道县木脚乡长冲口次生天然阔叶林中伐倒一株52.5年的翅荚木做解析木。该地海拔610m，土壤腐殖质深厚。该树干通直圆满，树高27.1m，胸径34.8cm，材积0.9446m^3，树皮率7.4%。树高年平均生长量0.52m；1~10年和40~50年两次出现高峰，峰值分别为0.6m和0.9m。胸径年平均生长量为0.66cm；1~40年连年生长量都稳定在0.42~0.52cm水平，40年后急剧上升，到伐倒时连年生长量出现最大值1.92cm。材积生长中速偏快，年平均生长量0.0179m^3，1~40年生长较慢，40~50年逐渐加速，50年后大幅度增加，伐倒时连年生长量出现最大值，为0.1033m^3。可见，在天然林中翅荚木作为顶级群落植物表现较强的竞争力。同样可以看出，翅荚木为速生树种。如进行人工造林，加强抚育管理措施，可在短期内获中、大径材。

1.5.2.2 人工林生长规律

2007年，我们在广东省翁源县国营铁龙林场17年生翅荚木人工林中选择代表性地段设置样地进行林分调查，做树干解析。该地地理位置为北纬24°30′，东经113°40′，属中亚热带季风气候。年平均温度20.5℃，年平均相对湿度80%，海拔400m。试验林1990年在杉木采伐迹地上人工造林，密度2m×3m，管理一般，林地上杂生有马尾松、杉木，地表植被主要有粉蕨、鬼灯笼和悬钩子等。样地采伐标准木，以1m为一区分段进行树干解析，在高度为0m、0.3m、1.3m、2.3m、3.3m、4.3m等区分段处各取一个约3cm厚的圆盘，带回实验室进行树干解析，分析胸径、树高、材积的生长规律。采用Logistic数学模型进行拟合，计算线性生长始期(t_1)、线性生长终期(t_2)、线性生长期(LGD)、线性生长速度(LGR)、线性生长量(TLG)。

(1)胸径生长过程。经拟合得到的翅荚木的胸径Logistic生长过程曲线为：$D=63.5227/[1+EXP(3.2283-0.156181t)]$，$F=3391.0184$，$R=0.9990$，$p\leqslant0.0001$，呈极显著相关。将年龄代入上式，则可得到不同年龄的拟合胸径生长量、连年生长量和平均生长量(表1.2)。

表 1.2 翅荚木胸径生长过程表

Table1.2 Diameter growth process of *Z. insignis*

年龄(a)	2	3	4	5	6	7	8	9	10	11	12	13	14	15	16	17
$D_{总-观察}$(cm)	3.7	4.0	4.3	5.1	6.0	6.5	7.5	8.5	10.1	11.4	12.8	14.8	16.7	19.0	21.0	22.4
$D_{总-拟合}$(cm)	3.26	3.78	4.38	5.06	5.83	6.72	7.71	8.84	10.09	11.49	13.03	14.73	16.57	18.55	20.67	22.9
$D_{连-拟合}$(cm)		0.52	0.60	0.68	0.77	0.89	0.99	1.13	1.25	1.40	1.54	1.70	1.84	1.98	2.12	2.23
$D_{平-拟合}$(cm)	1.63	1.26	1.10	1.01	0.97	0.96	0.96	0.98	1.01	1.04	1.09	1.13	1.18	1.24	1.29	1.35

从表 1.2 中可以看出，随年龄增大，胸径增大，连年生长量也在逐渐增大，平均生长量开始逐渐下降，至 9 年时又开始逐渐上升。翅荚木胸径的连年生长量和平均生长量曲线相交于 7~8 年，这说明为早期速生树种。但 17 年时径生长仍然比较迅速。

(2)树高生长过程。经拟合树高生长过程方程：$H = 15.0327/[1 + EXP(2.9488 - 0.591215t)]$，$F = 8706.4008$，$R = 0.9993$，$p \leqslant 0.0001$，呈极显著相关。将年龄代入上式，则可得到按不同年龄的拟合树高生长量、连年生长量、平均生长量(表 1.3)。

表 1.3 翅荚木树高生长过程表

Table1.3 Height growth process of *Z. insignis*

年龄(a)	2	3	4	5	6	7	8	9	10	11	12	13	14	15	16	17
$H_{总-观察}$(cm)	2.30	3.40	5.30	7.70	9.80	11.30	12.90	13.90	14.30	14.50	14.70	14.80	14.90	15.00	15.10	15.20
$H_{总-拟合}$(cm)	2.19	3.55	5.38	7.54	9.70	11.53	12.87	13.75	14.29	14.61	14.80	14.90	14.96	14.99	15.01	15.02
$H_{连-拟合}$(cm)		1.35	1.84	2.16	2.16	1.82	1.34	0.88	0.54	0.32	0.18	0.10	0.06	0.03	0.02	0.01
$H_{平-拟合}$(cm)	1.15	1.18	1.35	1.51	1.62	1.65	1.61	1.53	1.43	1.33	1.23	1.15	1.07	1.00	0.94	0.88

从表 1.3 可以看出，树高连年生长量曲线和平均生长量曲线相交于 7~8 年，连年生长量峰值出现在 5 年，平均生长时峰值出现在 7 年。在此交点以前，树高连年生长量已经开始下降，平均生长量达到峰值，连年生长量增加的速度较快，其值大于平均生长量；其后，连年生长量小于平均生长量。可见翅荚木早期速生，可以作为短轮伐期工业原料林树种。

(3)材积生长过程。利用解析木材料，拟合翅荚木单株材积生长方程：$V = 0.729212/[1 + EXP(6.2472 - 0.379235t)]$，相关系数 $R = 0.9997$、$F = 10328.2763$、$p \leqslant 0.0001$，呈极显著相关。以年龄代入上式，则可得到不同年龄的单株材积生长量，并计算平均生长量、连年生长量(表 1.4)。

表 1.4 翅荚木材积生长过程表

Table1.4 Volume growth process of *Z. insignis*

年龄(a)	3	4	5	6	7	8	9	10	11	12	13	14	15	16	17
$V_{总-观察}$(m^3)	0.0038	0.0030	0.0036	0.0048	0.0052	0.0099	0.0111	0.0191	0.0213	0.0284	0.0411	0.0504	0.0650	0.0735	0.0563
$V_{总-拟合}$(m^3)	0.0013	0.0017	0.0021	0.0025	0.0029	0.0038	0.0046	0.0060	0.0074	0.0092	0.0116	0.0144	0.0178	0.0213	0.0233
$V_{连-拟合}$(m^3)		0.0020	0.0029	0.0042	0.0061	0.0087	0.0123	0.0172	0.0236	0.0317	0.0411	0.0511	0.0602	0.0667	0.0689
$V_{平-拟合}$(m^3)	0.0015	0.0016	0.0019	0.0022	0.0028	0.0035	0.0045	0.0058	0.0074	0.0094	0.0119	0.0147	0.0177	0.0207	0.0236

从表1.4可知，17年前材积生长量一直随着年龄的增加而增加，其材积连年生长量和平均生长量未相交，说明翅荚木目前还未达到数量成熟，即材积平均生长量最大值尚未出现。

(4)生长参数估计。根据拟合所得各生长方程，求得胸径、树高、材积生长参数如表1.5。

表1.5 翅荚木人工林生长参数表

Table1.5 Growth parameters of *Z. insignis* plantation

指标	线性生长始期(a)	线性生长终期(a)	线性生长期(a)	最大生长率 cm(m或m^3)/a	线性生长率 cm(m或m^3)/a	线性生长量 cm(m或m^3)/a
胸径	12.2380	29.1025	16.8645	2.4803	2.2047	36.6748
树高	2.7602	7.2152	4.4551	2.2219	1.9750	8.6791
材积	13.0002	19.9456	6.9453	0.0691	0.0615	0.4210

从表1.5可以看出，翅荚木胸径线性生长期始于12年，终于29年，快速生长的线性生长期长达16年，最大生长速率可以达到2.4803cm·a^{-1}。树高线性生长期始于2年，终于7年，早于胸径出现，也早于胸径结束，最大生长率达到2.2219 m·a^{-1}。材积线性生长始于13年，结束于19年，也就是说19年时达到数量成熟。

1.5.3 人工林生长量调查

2005~2008年，我们对各地栽培的翅荚木人工林生长情况进行了调查。结果发现，在有翅荚木天然分布的地区，由于人工栽培创造了良好的环境，其生长迅速。在未见翅荚木天然分布的地区，引种栽培的翅荚木比乡土树种表现了更好的速生性。

1.5.3.1 广西翅荚木人工林生长情况

近几年，我们对广西翅荚木栽培生长情况进行了实地调查。在广西平果县退耕还林地造林，翅荚木5年生胸径可达9.5cm，树高11m。在桂林漓江堤岸造林20年，胸径38.1cm，树高18m。在忻城谷地沙壤土万亩退耕还林基地，5年生平均胸径5.1cm，树高5.0m，局部可达到胸径8.5cm，树高10m。由此可见，翅荚木速生，同时对石漠化山地、河谷滩地具有较好的适应性，可作为四旁绿化树种种植。

表1.6 广西翅荚木与其他树种生长情况比较

Table 1.6 Growth comparison between *Z. insignis* and other trees species in Guangxi

树种	树龄(月)	树高(m)	树高年平均生长量(m)	树高对比(%)	地径(cm)	地径年平均生长量(cm)	地径对比(%)	备注
翅荚木	28	4.94	2.119	100	5.4	2.33	100	直播造林
香椿	28	2.17	0.68	29.73	3.68	1.31	56.5	上山苗高0.697m，地径0.63cm
枫香	28	2.31	0.76	35.87	3.17	1.08	46.35	上山苗高0.697m，地径0.63cm
无患子	28	1.30	0.36	16.99	2.29	0.60	25.75	上山苗高0.697m，地径0.63cm

（续）

树种	树龄（月）	树高（m）	树高年平均生长量（m）	树高对比（%）	地径（cm）	地径年平均生长量（cm）	地径对比（%）	备注
海南蒲桃	28	1.72	0.15	7.08	3.4	0.87	37.34	上山苗高 0.697m，地径 0.63cm

注：引自陈永密等(1989)。调查地点为广西平果县果化乡布尧林场。

陈永密等(1989)经过调查后认为，在广西石灰岩石山立地条件上，翅荚木人工造林生长量显著高于香椿(*Toona sinensis*)、枫香、无患子(*Sapindus mukorossi*)和海南蒲桃(*Syzygium cumini*)等乡土树种(表 1.6)。在立地条件和管理水平相同时，2 年生的翅荚木树高为 4.94m，年平均生长量为 2.119m，地径为 5.4cm，地径年平均生长量为 2.33cm，树高平均生长量超过其他树种 56% 以上，地径超过 44% 以上。

1.5.3.2 湖南翅荚木人工林生长情况

2005 年 10 月，我们对湖南株洲四旁种植的翅荚木生长情况进行了调查，1988 年种植，1991 年冻害，1992 年春萌芽，最大胸径已达 34.62cm；1995 年种植的最大胸径已达 43.20cm。陈永密(1989)对湖南株洲翅荚木的人工林与通道县天然林的树高生长量进行了比较，翅荚木 2、3 年生的人工林树高生长量分别是 5.50m 和 8.10m，是翅荚木天然林的 2~3 倍。在湖南株洲引种翅荚木截干造林，3 年生树高 9.5m，是Ⅰ-63 杨(*Populus deltoids* CL'Ⅰ-63')的 113%；地径 12.0cm，是Ⅰ-63 杨的 111%(表 1.7)。

表 1.7 湖南翅荚木其他树种生长情况比较

Table 1.7 Growth comparison between *Z. insignis* and other trees species in Hunan

树种	树龄（月）	树高（m）	树高年平均生长量（m）	树高对比（%）	地径（cm）	地径年平均生长量（cm）	地径对比（%）	备注
翅荚木	48	9.5	2.37	113	12.0	3.00	111	当年截干栽蔸栽植
Ⅰ-63 杨	48	8.4	2.10	100	10.8	2.7	100	当年栽植扦插苗

注：引自陈永密等(1989)。调查地点为中南林学院院内四旁。

2005 年，我们对翅荚木在湖南省丘陵地区生长情况进行了调查。在不含岩石且土质较好的立地，其年生长量可达 16.1$m^3 \cdot hm^{-2}$，最大可超过 20$m^3 \cdot hm^{-2}$。即使在石质山地的山脚，其年生长量也可达 11.9$m^3 \cdot hm^{-2}$(表 1.8)。从翅荚木胸径与年生长量分析，翅荚木在湖南省可培育大径材，适宜作纤维板、胶合板和家具用材，同时翅荚木可作为困难造林地绿化的先锋树种。在江华县的微酸性山地红壤造林，2 年生时胸径可达 5.7cm，树高可达 5m 以上。

表 1.8 翅荚木在湖南省不同立地条件下的人工林生长情况

Table 1.8 Growth of cultiated *Z. insignis* under different sit conditions in Hunan province

立地条件	树龄（a）	胸径（cm）	树高（m）	材积（m^3）	蓄积（$m^3 \cdot hm^{-2}$）	年生长量（$m^3 \cdot hm^{-2}$）
湖南江华山脚	15	34.8	23.5	0.30488	320.10	21.34
湖南江永山脚	12	24.6	18.5	0.11707	193.17	16.10

（续）

立地条件	树龄(a)	胸径(cm)	树高(m)	材积(m^3)	蓄积($m^3 \cdot hm^{-2}$)	年生长量($m^3 \cdot hm^{-2}$)
湖南江华石质山山脚	10	18.1	14.6	0.07230	119.30	11.93
湖南江华石质山中部	10	14.8	12.9	0.05093	84.03	8.40
湖南冷水江中部	14	30.4	18.6	0.17945	242.26	17.30

1.5.3.3 福建翅荚木人工林生长情况

2008年8月，我们在福建省顺昌县进行了调查。引种翅荚木在海拔510m的山间沟谷平地造林，2007年春造林的最大胸径5.5cm，树高6m；2006年春造林的平均胸径达到9.8cm，树高7.5m，速生性显著优于当地的杉木(*Cunninghamia lanceolata*)等乡土树种。在福建省福安等地引种表现适应性广，速生丰产，是理想的人造板生产原料树种(侯伦灯等，2001)。

1.5.3.4 江西翅荚木人工林生长情况

2005年10月，我们在江西萍乡进行了调查。1992年造林的翅荚木人工林，1996年冬冻害，1997年春萌芽，最大胸径已达26.51cm。从湖北恩施、江西萍乡等地引种栽培情况来看，翅荚木往北引种后，生长速度比原产地减缓，但在山区仍比当地的乡土速生树种檫木(*Sassafras tsumu*)、桦木(*Betula luminfera*)、桤木(*Alnus cremastogyne*)等生长迅速(覃志刚等，1992；曾广腾等，2004)。

1.5.3.5 浙江翅荚木人工林生长情况

2005年，我们在浙江省松阳县引种栽培翅荚木人工林。造林第3年平均胸径达到5.57cm，树高达6.86m，比乡土速生树种马褂木(*Liriodendron chinense*)、南酸枣(*Choerospondias axillaria*)胸径超过16.28%~48.53%，树高超过91.09%~111.08%；造林第4年平均胸径达8.04cm，树高达8.30m，立木蓄积达到33.00$m^3 \cdot hm^{-2}$，极显著大于马褂木、南酸枣、香椿等乡土速生树种，比胸径超过30.31%~67.50%，树高超过29.08%~138.51%，立木蓄积超过131.58%~436.59%(表1.9)。在浙江兰溪，2株在丘陵砂石质土壤上生长的16年生翅荚木胸径已分别达32cm和28cm。由此可见，在浙江西南选择合适的立地引种栽培翅荚木，早期速生，极显著优于本地的速生乡土树种，可作为短轮伐期工业原料林、生物质能源林、菇木林树种造林。

表1.9 浙江省引种翅荚木对比试验林生长情况

Table 1.9 Growth comparison between *Z. insignis* and other trees of test plantation in Zhejiang province

树种		翅荚木	马褂木	南酸枣	香椿
造林第3年	胸径(cm)	5.57aA	3.75bB	4.79bB	
	胸径增益(%)		48.53%	16.28%	
	树高(m)	6.86aA	3.25bB	3.59cC	
	树高增益(%)		111.08%	91.09%	
造林第4年	胸径(cm)	8.04aA	4.80cC	6.17bB	5.98bB
	胸径增益(%)		67.50%	30.31%	34.45%
	树高(m)	8.30aA	4.09cC	3.87cC	6.43bB

（续）

树种	翅荚木	马褂木	南酸枣	香椿
树高增益(%)		102.93%	138.51%	29.08%
蓄积($m^3 . hm^{-3}$)	33.00aA	6.11cC	8.42cC	14.19bB
蓄积增益(%)		436.59%	292.86%	131.58%

注：*LSD* 法多重比较结果以字母标记表示，小写字母标记5%显著水平，大写字母标记1%极显著水平。

1.5.4 人工林生物量调查

生物量用于林木，是反映林木光合生产能力或林分生产力的一个重要指标。单株生产量是指包括叶、枝、茎、根、皮等所有营养器官在内的干物质总和。林分生物量是指包括全部林木、林下植被和枯落物干物质的总和。

1.5.4.1 苗期生物量

翅荚木无论有性繁殖或无性繁殖，苗期生长迅速。据陈永密等(1989)多年的试验研究，翅荚木在苗期年高生长量可达3~5m；根径2~4cm，在7月下旬至8月上旬速生期苗高生长量最高可达12~15cm。无性繁殖的翅荚木在生长期平均日生长量苗高可达2.5~4.5cm，根径达0.2~0.3mm。单株生物量鲜重2050~3000g，气干重1100~1500g。

方小平等(1996)在贵州树木园苗圃内对翅荚木广西河池种源播种后苗高、地径生长进程进行了研究。翅荚木生长期较长，一年中从春季萌芽开始到秋季落叶为止有7个月的生长期，高、径生长高峰期均为7、8、9、10四个月，高峰期高生长量为全年生长量的88.89%，7月份净增长79.82cm，占全年生长量的36.10%，占生长高峰期的40.58%；8月份净增长93.88cm，占全年生长量的42.45%，占生长高峰期的47.72%；9月份净增长23.09cm，占全年生长量的10.44%，占生长高峰期的11.74%。地径生长在高峰期的生长量占全年生长量的68.12%。其中8月中旬是高生长和地径的极高峰，8月中旬10d高生长净增38.71cm，平均日生长量为3.87cm，地径生长20d净增长0.278cm，日平均增长0.014cm。翅荚木苗期生物量的研究表明，翅荚木高地径生长期较长，生长停止较晚，全年平均高生长为2.21m，最高3m，地径平均为1.6cm，最粗为1.96cm。

1.5.4.2 幼林生物量

翅荚木随着年龄的增长，枝干叶量也随之增大，光合作用能力也大大增强，生物量亦随之递增，据调查测定如表1.10。

表1.10 翅荚木异龄林生物产量比较(鲜重)

Table 1.10 Biomass of uneven - aged *Z. insignis* forest

树龄	单株(kg)					林分($kg \cdot hm^{-2}$)					对比
	干	枝	叶	根	总量	干	枝	叶	根	总量	(%)
1	0.85	0.15	0.5	0.4	1.95	3825	675	2250	2025	8775	100
2	4.75	0.8	1.5	2.6	8.65	21375	3600	6750	11700	43425	494.87
3	7.5	1.2	2.4	3.0	14.1	33750	5400	10800	13500	63450	723.08

注:引自陈永密等(1989)。

从表1.10中可以看出，1年生翅荚木单株生物量排序为干>叶>根>枝，2年生翅荚木单株生物量排序为干＞根＞叶＞枝，翅荚木2年生时的生物产量约为1年生幼林的5倍，到第3年时则超过7倍。作为用材与薪炭林兼营时，树干和枝条生物量之和已占总产量的61.7%，利用率是相当高的。而根系生物量占总产量的21.3%~26.9%，说明强大的地下根系是林分速生丰产的重要原因。

1.5.4.3 翅荚木成林生物量

以天然阔叶混交林中的翅荚木大树为例，树龄百余年，树高43m，胸径4m，形数0.36，材积为20.547m^3，生物产量鲜重达19.52t。

为了测定砍梢后成林的萌芽生长能力，据陈永密等(1989)在广西平果县龙东村对一棵主干15年生砍梢树的观测，主干高6m，胸径32cm，砍后4年，从砍梢处萌发新枝19条，冠幅：东西为8m，南北为10m。鲜叶44.6kg，去叶枝柴重302.5kg。据观测，砍梢后的树干较未斩梢的树干生长更快，这说明斩梢有利于促进主干的增粗。

张任好(2006)通过对位于顺昌的14年生翅荚木人工林生物量与生产力的研究，结果表明：翅荚木人工林平均胸径19.8cm，平均树高22.4m，密度525株·hm^{-2}，平均单株生物量为181.26kg，乔木层生物量95.17t·hm^{-2}；各器官组成比例大小顺序为：干(62.51%)＞根＞(14.97%)＞皮(12.43%)＞枝(7.67%)＞叶(2.42%)，活枝和活叶生物量主要分配在19~22m；人工林生态系统总生物量为96.25t·hm^{-2}，其中乔木层占98.98%，灌木层占0.24%，草木层占0.78%。翅荚木的生长特点是随着气温逐渐升高和雨量增多以后生长明显加快，在7~8月份的高温干旱季节，有产生封顶停长的现象，只要保证水肥供应，就会迅速生长。与其他阔叶树相比，翅荚木年平均生长量较高，是一种适合在丘陵山区上推广的速生树种。

第2章　翅荚木光合特性

光合作用是指绿色植物利用光能将所吸收的 CO_2 和水等无机物合成有机物并释放出 O_2 的过程。光合作用是自然界中重要而特殊的生命现象，是太阳辐射能进入生态系统并转化为化学能的主要形式，也是制约生态系统生物生产力的最重要的生理过程。由于在植物界甚至全球生态系统能量与物质循环中的重要作用，光合作用研究一直是一个永恒的主题(姜恕，1992)。

影响林木光合作用的因素很多，如树种、品种、砧木、树龄、部位等内部因素；也有如光照、湿度、温度、CO_2浓度、土壤、栽培措施、病虫害等外部因素。这些因素又彼此相互影响光合作用的测定研究结果，也是诸多因素共同作用的结果。在林木的光合测定中，环境因子的指标应受到特别重视，因为林木净光合速率的测定受这些因子的影响很大，即使同一植株在不同外界环境条件下，其净光合速率也会产生很大变动。在自然条件下，林木叶片光合速率的季节变化是叶片光合能力和随季节变化的环境条件综合作用的结果，该变化进程主要呈现单峰型曲线、双峰型曲线和三峰型曲线3种类型。

关于翅荚木光合作用的研究极少，仅见张祝平(1996)分析了粤北石灰岩地区翅荚木林分的光能利用率，黄玉清等(2006)对西南岩溶石漠化地区翅荚木的光合、蒸腾及水分利用效率作了研究。我们从2006年开始，在湖南长沙、株洲等地相继开展了不同种源的光合特性研究，主要是利用LI－6400测定不同光合参数，分析不同种源光合特性的差异，了解其变化规律。不同种源光合特性的差异，不仅可能表现在净光合速率的大小上，而且还表现在其他环境因子对净光合速率的影响上，光照、CO_2浓度、土壤水分、空气相对湿度以及叶片结构等内部结构都对翅荚木光合作用具有不同程度的影响。不同种源光合特性的研究，不仅对选育翅荚木速生良种具有重大指导作用，而且对翅荚木的栽培推广也具有十分重要的现实意义。

2.1　翅荚木光合作用日变化规律

2.1.1　净光合速率

2007年，我们在湖南株洲通过对不同地区的6个种源2年生苗的研究发现，不同种源翅荚木光合日变化规律不同(图2.1、2.2)。

在春季5月份，广西桂林、湖南江华、广东韶关3个种源翅荚木都是在中午12：00时达到一天中的光合最高值；贵州兴义、广东英德2个种源在上午8：00达到一天中的光合最高值；湖南通道种源在上午10：00达到一天中的光合最高值。但是贵州兴义种源全天净光合速率日变化表现为典型的中午降低型双峰曲线，表现出明显的午休现象，次高峰出现在16：00前后，12：00～14：00为净光合速率(Pn)的低谷，其他5个种源的日变化略有差异，都呈单峰曲线。广西桂林、广东韶关、贵州兴义和广东英德种源在生长初期表

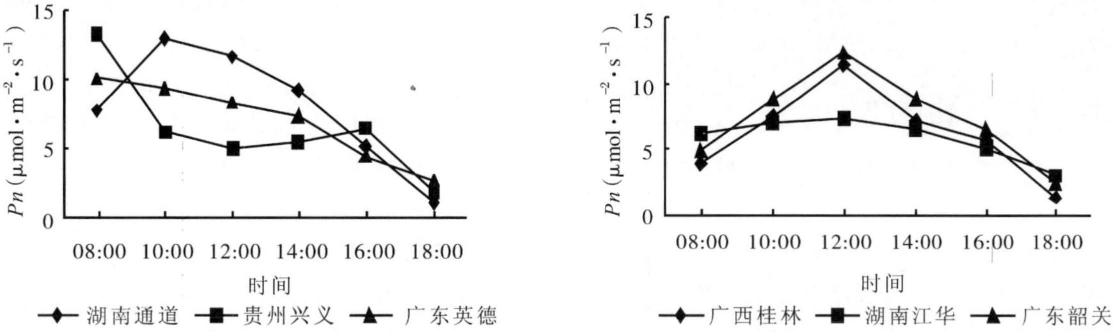

图 2.1 翅荚木春季净光合速率日变化(5月份)

Figure 2.1 Diurnal variation of Pn of *Zenia insignis* in May

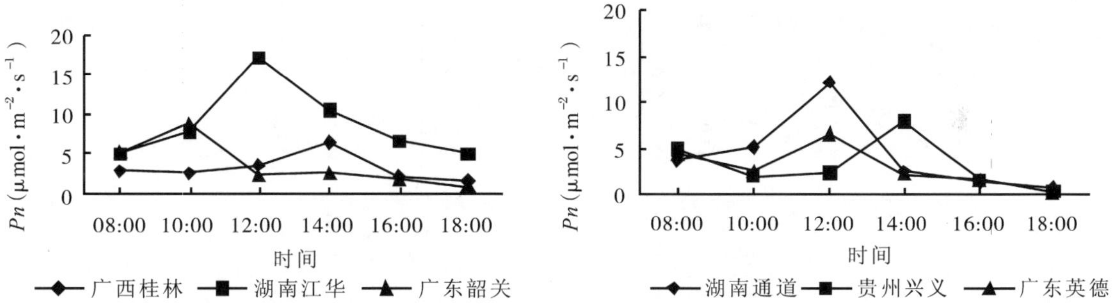

图 2.2 翅荚木夏季净光合速率日变化(8月份)

Figure 2.2 Diurnal variation of Pn of *Z. insignis* in August

现出较高的净光合速率。

在夏季8月份，广西桂林、湖南江华、广东韶关和湖南通道4个种源翅荚木的叶片净光合速率日变化曲线均呈单峰曲线，峰值出现时间分别为下午14：00、中午12：00、上午10：00和中午12：00，其值分别为6.41μmol·m^{-2}·s^{-1}、17.06μmol·m^{-2}·s^{-1}、8.75μmol·m^{-2}·s^{-1}和12.16μmol·m^{-2}·s^{-1}。贵州兴义和广东英德2个种源翅荚木在8月下旬的叶片净光合速率日变化曲线均呈双峰曲线，次高峰均出现在上午8：00，其值分别为5.08μmol·m^{-2}·s^{-1}和4.43μmol·m^{-2}·s^{-1}，最高峰出现时间不同，前者在下午14：00，后者在中午12：00，其值分别为7.93μmol·m^{-2}·s^{-1}和6.62μmol·m^{-2}·s^{-1}。

除以上6个种源外，2006年8月中旬，我们还研究了广西忻城、靖西、平果融水、贵州遵义等种源苗期净光合速率日变化规律。结果表明，广西忻城、靖西、桂林、平果、融水、广东英德、韶关、贵州遵义、湖南江华、通道等10个种源苗期上部叶片净光合速率日变化为“双峰”型，翅荚木各种源下部叶片净光合速率的日变化规律除平果种源为“单峰”型外，其他种源的净光合速率日变化的为“双峰”型。翅荚木各种源上部叶片的净光合速率明显大于下部叶片的净光合速率，忻城、靖西、桂林、平果、融水、英德、韶关、兴义、江华、通道种源上部叶片净光合速率分别大于下部叶片净光合速率的75.21%、50.61%、33.75%、64.85%、128.66%、89.51%、38.06%、68.27%、70.30%和87.36%。根据对不同地理种源翅荚木苗期上部叶片净光合速率比较分析可知，融水种源净光合速率最大，其次为江华、英德、忻城、靖西、桂林、平果、韶关、兴义，通道种源最小。根据对不同地理种源翅荚木苗期下部叶片净光合速率比较分析可知，桂林种源净光合速率最大，其次为靖西、英德、韶关、江华、融水、平果、忻城、通道种源，兴义种源最小。

2.1.2 气孔导度

气孔是翅荚木叶片与外界进行气体交换的通道，气孔导度的变化对翅荚木水分状况及CO_2同化有着重要意义。气孔导度增大，蒸腾加快；反之，蒸腾减弱。随着叶片水分散失和水势的下降，气孔导度减小，CO_2进入叶肉细胞内的阻力增加，从而导致光合速率下降。同时气孔阻力的增加也减少叶片水分散失，在一定程度上阻碍水分亏缺的发展，减轻干旱胁迫对光合器官的伤害。可见气孔导度是影响翅荚木光合速率的主要因子之一。8 月中旬，翅荚木不同地理种源气孔导度日进程见图 2.3。

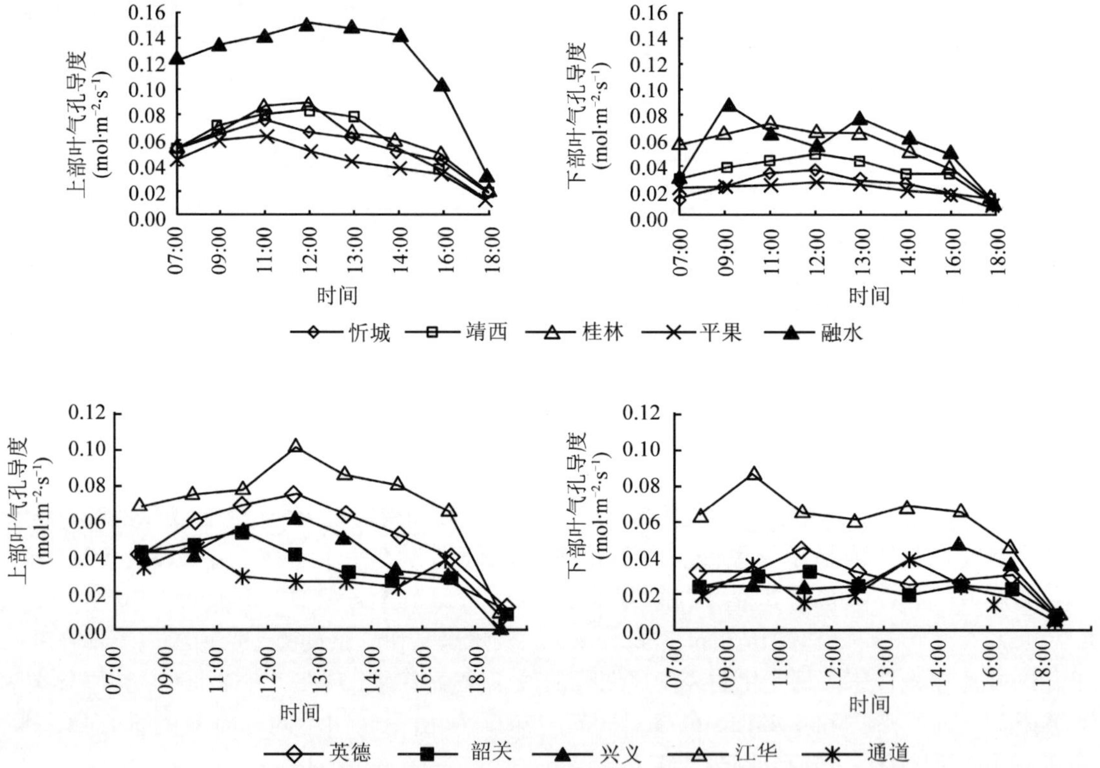

图 2.3 翅荚木气孔导度日变化规律(8 月份)

Figure2. 3 Stomatal conductance of *Zenia insignis* in August

翅荚木不同种源苗期上部叶片气孔导度日进程规律是：忻城、靖西、桂林、平果、融水、英德、韶关、兴义、江华 9 个种源翅荚木为“单峰”形，其中靖西、桂林、融水、英德、兴义、江华种源翅荚木气孔导度在中午 12：00 达到峰值，忻城、平果、韶关种源翅荚木气孔导度在中午 11：00 达到峰值；通道种源翅荚木为“双峰”形，分别在 9：00 和 16：00 达到峰值，且 9：00 的值高于 16：00 的值。所有种源翅荚木上部叶片的气孔导度值在全天中以傍晚时最低。不同种源翅荚木苗期下部叶片气孔导度日进程规律是：忻城、靖西、桂林、平果、兴义种源翅荚木为“单峰”型，其中桂林种源翅荚木在 11：00 达到峰值，忻城、靖西、平果种源翅荚木在 12：00 达到峰值，兴义种源翅荚木在 14：00 达到峰值；融水、英德、韶关、江华、通道种源翅荚木为“双峰”型，其中融水、江华、通道种源翅荚木分别在 9：00 和 13：00 出现峰值，融水、江华种源翅荚木 9：00 的气孔导度值高于 13：00 的值，而通道种源翅荚木 9：00 的值则低于 13：00 的值，英德种源翅荚木分别在 11：00 和 16：00 出现峰值，11：00 的值高于 16：00 的值，韶关种源翅荚木分别在 11：00 和 14：00 出现峰值，且 11：00 的值高于 14：00 的值。所有种源翅荚木下部叶片的气孔导度值在全天中以傍晚时最低。各种源上部叶片的气孔导度明显大于下部叶片的气孔导度。

2.1.3 胞间 CO_2 浓度

胞间 CO_2 浓度反映外界的 CO_2 进入叶细胞的浓度，它是衡量叶片光合速率大小的主要指标之一。图 2.4 是 8 月中旬在湖南长沙观测的不同地理种源翅荚木胞间 CO_2 浓度日变化规律。翅荚木种源苗期上部、下部叶片胞间 CO_2 浓度的日变化规律是：忻城、靖西、桂林、平果、融水、英德、韶关、兴义、江华、通道种源翅荚木为“V ”字形，从早上开始，胞间 CO_2 浓度逐渐降低，至 14：00 达到全天的最低值，然后逐渐上升，所有种源翅荚木以清早的胞间 CO_2 浓度最高，下午 14：00 最低。各种源翅荚木上部叶片、下部叶片的胞间 CO_2 浓度差异不大。

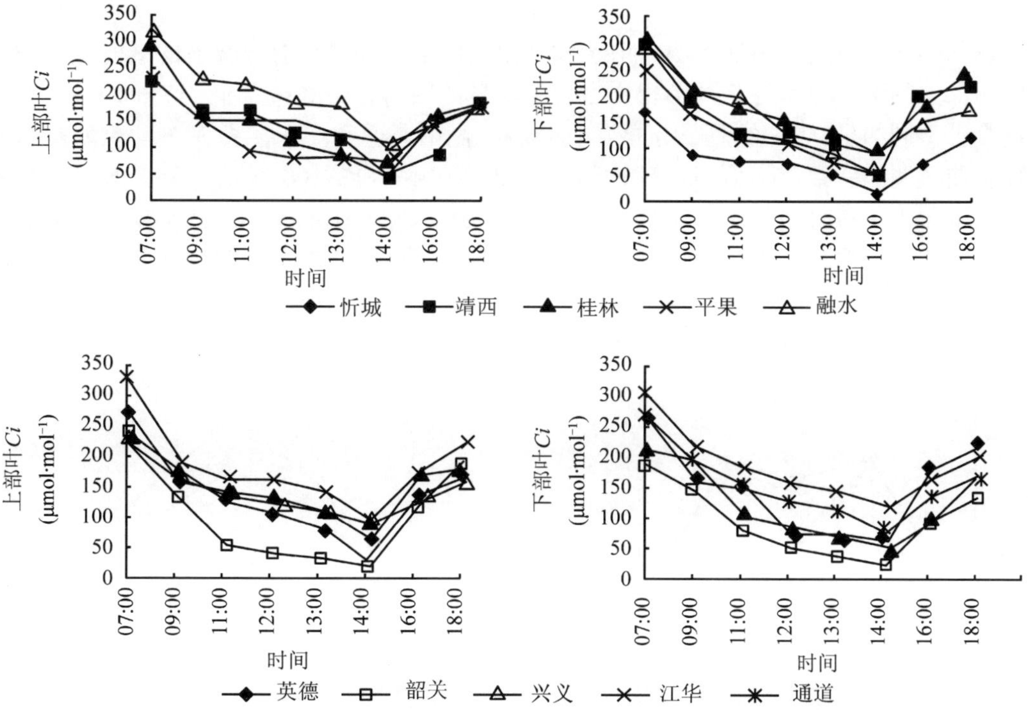

图 2.4　翅荚木胞间 CO_2 浓度日变化(8 月份)

Figure 2.4　Intercellular CO_2 concentration of *Z. insignis* in August

2.1.4 蒸腾速率

观测发现，翅荚木不同月份的蒸腾速率日变化规律也不尽相同(图 2.5、2.6)。在春季5月下旬所测6个翅荚木种源中，只有湖南江华和广东英德2个种源的蒸腾速率日变化曲线呈“双峰”曲线外，其他4个种源均为“单峰”曲线。6个种源的日蒸腾高峰出现的时间非常接近，基本上都是在中午12：00达到最高值，但峰值有所差异，广西桂林和湖南通道种源日蒸腾速率较高，分别为7.11mol·m^{-2}·s^{-1}和6.88mol·m^{-2}·s^{-1}，湖南江华和贵州兴义种源较低，分别为4.94mol·m^{-2}·s^{-1}和3.92mol·m^{-2}·s^{-1}，相差近1倍。结合当月的净光合速率来看，其水分利用效率最高的为广东韶关种源，广东英德种源相对偏低，其他几个种源相差不大。

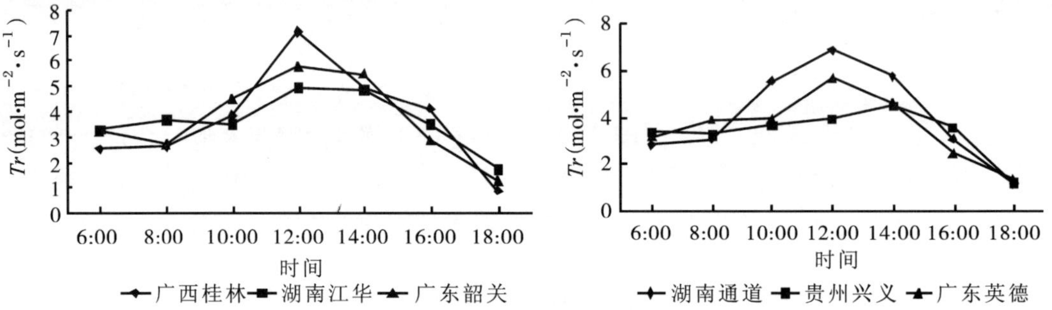

图2.5　翅荚木春季蒸腾速率日变化(5月份)

Figure 2.5　Diurnal variation of Tr of *Z. insignis* in May

在秋季9月份所测结果表明，由于大气温度的下降和光合有效辐射的减弱，所测各个种源翅荚木的蒸腾速率与5月份相比出现了明显的回落，最高值都低于2mol·m^{-2}·s^{-1}。与5月份不同的是，9月份所测定的广西桂林、湖南通道和广东韶关3个种源的蒸腾速率日变化曲线明显一致，均为“双峰”曲线，且都是在中午12：00达到谷值，然后又开始上升，在下午14：00达到一个新的峰值之后又开始下降。不过广东韶关种源的蒸腾速率在最低值时明显要比其他2个种源的最低值要低很多，由于这3个种源翅荚木的水分利用效率相差无几，广东韶关种源翅荚木在同期所测的净光合速率值也同样比其他2个种源的要低很多，所以反映到蒸腾速率上同样出现这种差异。

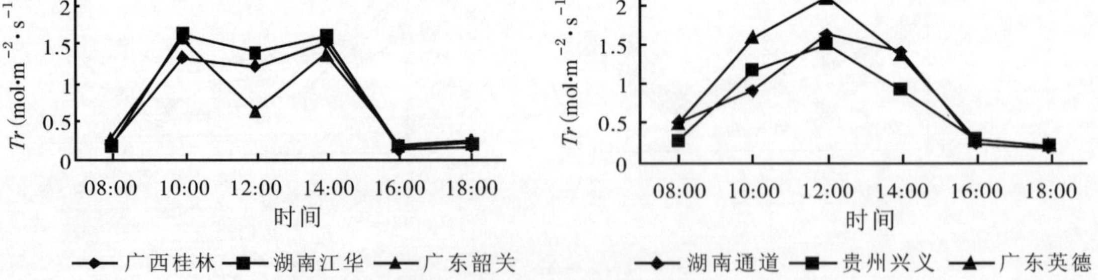

图2.6　翅荚木秋季蒸腾速率日变化(9月份)

Figure 2.6　Diurnal variation of Tr of *Z. insignis* in September

2.2　翅荚木光合作用年变化规律

光合特性是影响翅荚木生长的主要因素之一，研究光合特征的年变化规律对认识翅荚木年生长特性具有重要作用。2007 年，我们在湖南株洲对广西桂林、湖南江华、广东韶关、贵州兴义、广东英德和湖南通道 6 个种源翅荚木光合特征年变化规律进行测定，发现不同种源的光合特征年变化差异不大，但同一种源不同月份之间存在明显差异。

2.2.1 光合生理指标

表 2.1 是湖南通道种源翅荚木从 5 月份到 9 月份的光合生理指标(包括光合速率、气孔限制值、气孔导度、胞间 CO_2 浓度、蒸腾速率)测定结果。

表 2.1 翅荚木不同月份的光合生理指标(通道种源)

Table 2.1 The photosynthesis parameters of Tongdao *Z. insignis* in different months

月份	时间	光合速率 Pn (μmol CO_2 · m^{-2} · s^{-1})	气孔限制值 Ls	气孔导度 Gs (mmol · m^{-2} · s^{-1})	胞间 CO_2浓度 Ci (μmol · mol^{-1})	蒸腾速率 Ts (mmol · m^{-2} · s^{-1})
5 月	8：00	7.853	0.14	0.364	338	0.92
	10：00	12.916	0.249	0.330	287	1.79
	12：00	11.630	0.283	0.260	268	2.72
	14：00	9.273	0.340	0.170	245	3.54
	16：00	5.132	0.294	0.098	262	3.1
	18：00	1.137	0.102	0.068	336	1.6
6 月	8：00	10.750	0.194	0.346	316	1.15
	10：00	13.033	0.382	0.198	230	2.5
	12：00	15.700	0.354	0.290	236	2.78
	14：00	15.567	0.379	0.257	224	2.34
	16：00	8.810	0.477	0.098	190	2.9
	18：00	0.622	0.140	0.026	321	2.1
7 月	8：00	6.728	0.139	0.324	347	1.49
	10：00	8.760	0.269	0.195	278	2.55
	12：00	12.330	0.302	0.264	262	2.87
	14：00	6.584	0.281	0.147	266	3.60
	16：00	3.685	0.272	0.080	270	3.73
	18：00	2.860	0.620	0.018	327	2.35
8 月	8：00	3.790	0.621	0.026	157	3.87
	10：00	5.218	0.671	0.025	125	5.35
	12：00	12.160	0.538	0.119	171	3.26
	14：00	2.694	0.258	0.066	270	4.12
	16：00	1.360	0.212	0.014	283	6.37
	18：00	0.464	0.235	0.004	284	5.80
9 月	8：00	18.920	0.640	0.0142	167	3.63
	10：00	6.484	0.449	0.0176	216	5.04
	12：00	3.980	0.170	0.035	235	4.66
	14：00	15.963	0.690	0.029	117	4.79
	16：00	10.450	0.263	0.006	287	3.7
	18：00	4.082	0.671	0.007	130	2.98

研究观测还发现，5 月份除贵州兴义种源外，翅荚木在其下午光合速率下降的过程

中，气孔导度的下降并没有伴随相应的胞间 CO_2浓度的降低，相反胞间 CO_2浓度还有一定程度的上升。由此可见，导致光合速率下降的原因不应该是气孔因素，可能是由于光合有效辐射的下降造成的。贵州兴义种源的翅荚木上午光合速率下降的原因毫无例外有气孔因素在内，因为气孔对空气湿度非常敏感，湿度降低将会导致气孔关闭，从而使气孔导度下降，气孔限制值增加，胞间 CO_2浓度降低；另外根据前面的讨论，光合速率的降低还受到强光引起的光抑制作用。6~9 月份，这 6 个种源的翅荚木无论是上午还是下午出现光合速率下降的原因都很难与气孔或非气孔限制因素联系起来，两者变化的规律并不一致。推测可能是与光合有效辐射的变化有关。总的看来，这几个不同种源翅荚木只有贵州兴义种源在 5 月份上午光合速率的降低的原因主要受气孔限制，另外还有强光的抑制作用；其他种源在所测 6 个月中净光合速率下降的原因都不包括气孔因素。

2.2.2 光响应

植物由暗处转入光照下，叶片的净光合速率需要经过一个或长或短的逐步升高过程之后，才能达到一个较高的稳态水平，这个过程被称之为光合作用诱导期。在诱导期初期，CO_2浓度相对饱和，羧化限制等非气孔限制占优势；在这一阶段，光合机构高速运转，需要 Calvin 循环中间产物水平提高、光合碳同化酶系充分活化和气孔更为开放，在这个阶段叶片净光合速率主要受中间产物水平和酶活化水平的限制。在诱导后期，在光合速率的气孔限制和非气孔限制两种因素中，主次关系发生了转变，气孔限制变成了主要限制因素，这时虽然气孔导度在增加，净光合速率也在增加，但是两者增长速率并不同步，则 CO_2同化不能与光能吸收协调，光合电子转递受阻，Rubisco 羧化活性降低。这一阶段通常认为光合作用是被气孔导度所限制，净光合速率升高缓慢。

2.2.2.1 光响应曲线的测定

我们于 2007 年 5~9 月份对 6 个种源翅荚木的光响应参数分别进行了测定。根据基于光合作用的羧化和电子传递两个基本过程描述光合作用与生物化学之间关系的叶片 Farquhar(2001)模型(式 1)，利用 SPSS 软件采用迭代法对光响应曲线进行拟合，得出最大净光合速率(A_{max})、表观量子效率(U)、光响应曲线的曲角(K)。

$$Pn = \{U \times Q + A_{max} - \mathrm{SQRT}[(U \times Q + A_{max})^2 - 4K \times U \times Q \times A_{max}]\}/2K - R \quad (1)$$

式中：Pn——为净光合速率；

A_{max}——最大净光合速率；

K——光响应曲线曲角；

R——暗呼吸速率；

U——表观量子效率；

Q——光照强度。

对所得数据进行非线性回归分析，计算得出光饱和点。计算时，设定初始值：$K = 0.5$，$A_{max} = 30$，$U = 0.05$，$R = 2$。并设定限制值：$K \leqslant 1$，$A_{max} \leqslant 50$，$U \leqslant 0.125$，R 不设定。取光强在5~200μmol·m^{-2}·s^{-1}范围内测定的净光合速率，对其进行直线回归分析，求得光补偿点。结果见表 2.2。

表 2.2 翅荚木光响应参数的年变化规律

Table 2.2 The light-response parameters of *Z. insignis*

月份	种源	最大净光合速率 A_{max} ($\mu mol\ CO_2 \cdot m^{-2} \cdot s^{-1}$)	暗呼吸速率 R ($\mu mol\ CO_2 \cdot m^{-2} \cdot s^{-1}$)	表观量子效率 U	光合补偿点 LCP ($\mu mol \cdot m^{-2} \cdot s^{-1}$)	光合饱和点 LSP ($\mu mol \cdot m^{-2} \cdot s^{-1}$)
5月	广西桂林	11.822	1.506	0.050	20.14	362.81
	湖南江华	9.744	1.261	0.073	11.80	401.56
	广东韶关	10.890	1.230	0.076	11.58	435.48
	湖南通道	12.086	2.072	0.087	7.41	446.76
	贵州兴义	15.188	1.208	0.036	30.30	490.55
	广东英德	9.435	1.419	0.056	20.18	188.66
	月平均	11.528	1.449	0.063	16.90	387.64
6月	广西桂林	27.630	1.827	0.062	31.17	542.83
	湖南江华	22.682	1.377	0.062	21.87	458.06
	广东韶关	14.249	0.973	0.060	13.33	329.98
	湖南通道	20.220	1.612	0.057	28.71	425.18
	贵州兴义	18.630	1.597	0.063	25.60	413.73
	广东英德	18.606	1.020	0.056	17.38	389.50
	月平均	20.336	1.401	0.060	23.01	426.55
7月	广西桂林	9.420	1.316	0.046	23.00	292.14
	湖南江华	11.950	2.253	0.045	50.07	315.62
	广东韶关	12.450	1.980	0.045	45.00	329.00
	湖南通道	10.500	1.665	0.044	38.28	300.78
	贵州兴义	7.860	2.480	0.058	56.47	287.65
	广东英德	10.370	2.430	0.041	62.35	342.62
	月平均	10.425	2.021	0.047	45.86	311.30
8月	广西桂林	8.780	1.870	0.080	45.30	302.00
	湖南江华	10.720	2.170	0.086	35.34	296.80
	广东韶关	9.750	1.900	0.075	34.00	329.00
	湖南通道	9.179	1.090	0.062	17.10	313.19
	贵州兴义	3.155	2.516	0.099	138.36	425.18
	广东英德	9.303	1.228	0.046	26.71	292.51
	月平均	8.481	1.796	0.075	49.47	326.45
9月	广西桂林	6.120	2.128	0.081	59.91	388.09
	湖南江华	19.330	1.177	0.064	20.28	469.81
	广东韶关	18.530	2.030	0.063	38.52	459.66
	湖南通道	6.560	2.397	0.054	89.33	401.71
	贵州兴义	23.268	1.350	0.064	21.29	506.04
	广东英德	23.500	0.955	0.066	12.85	440.13
	月平均	16.218	1.673	0.065	40.36	444.24
	年平均	13.398	1.668	0.062	35.12	379.23

2.2.2.2 光响应参数的年变化趋势

从总体上看，翅荚木从春季开始随着气温的回升，最大净光合速率增大，光合饱和点和光合补偿点上升，说明植物体的活动能力在上升，植物生长加快。进入夏季后，7 月份最大净光合速率、光合饱和点下降，光合饱和点达到最低点，8 月份时最大净光合速率达到最低点；光合补偿点则逐月上升，8 月份时达到最高点。进入秋季后，最大光合速率上升，光合饱和点升高，光合补偿点降低。

从观测结果来看，不同种源光响应特征的月变化情况有所不同。

广西桂林种源在不同月份的光补偿点 $LCP_{9月} > LCP_{8月} > LCP_{6月} > LCP_{7月} \approx LCP_{5月}$；表观量子效率 $AQY_{9月} \approx AQY_{8月} > AQY_{6月} > AQY_{5月} \approx AQY_{7月}$。

广东韶关种源光补偿点 $LCP_{7月} > LCP_{9月} > LCP_{8月} > LCP_{6月} > LCP_{5月}$，5 月份所测值远远小于其他 4 个月份；表观量子效率 $AQY_{5月} \approx AQY_{8月} > AQY_{9月} \approx AQY_{6月} > AQY_{7月}$，在这 5 组数据中，只有 7 月份所测值较低，其他相差不大。广东英德种源光补偿点 $LCP_{7月} > LCP_{8月} > LCP_{5月} > LCP_{9月} > LCP_{6月}$，表观量子效率 $AQY_{9月} > AQY_{6月} = AQY_{5月} > AQY_{8月} \approx AQY_{7月}$，但差别不大。

湖南江华种源光补偿点 $LCP_{8月} > LCP_{7月} > LCP_{6月} \approx LCP_{9月} > LCP_{5月}$，其中 8 月份的光补偿点达到了 135.34 umol · $m^{-2}s^{-1}$，明显大于其他 5 个种源的同期观测值；表观量子效率 $AQY_{8月} > AQY_{5月} > AQY_{9月} \approx AQY_{6月} > AQY_{7月}$，8 月份的表观量子效率值是 7 月份的 2 倍，其他 4 个月份相差不大，值介于 8 月份和 7 月份之间。

湖南通道种源光补偿点 $LCP_{9月} > LCP_{7月} > LCP_{6月} > LCP_{8月} > LCP_{5月}$，9 月份明显大于其他月份，其中以 5 月最低；表观量子效率为 $AQY_{5月} \approx AQY_{8月} > AQY_{6月} \approx AQY_{9月} > AQY_{7月}$。

贵州兴义种源的光补偿点 $LCP_{8月} > LCP_{7月} > LCP_{5月} > LCP_{6月} > LCP_{9月}$，其中 8 月远高于其他月份。表观量子效率 $AQY_{8月} > AQY_{9月} \approx AQY_{6月} > AQY_{7月} > AQY_{5月}$，8 月份所测表观量子效率值接近 0.1，光能利用效率较高。

2.2.2.3 不同种源光响应参数的比较

我们对翅荚木生长期 5～9 月的光响应参数进行比较，分析不同种源的速生性。以月份为区组，各参数为因素进行统计分析，结果如表 2.3。

表 2.3 翅荚木不同种源光响应参数的比较

Table 2.3 The light-response parameters of comarison between different *Z. insignis* provenances

种源	最大净光合速率 A_{max} (μmol CO_2 · m^{-2} · s^{-1})	光合补偿点 *LCP* (μmol · m^{-2} · s^{-1})	光合饱和点 *LSP* (μmol · m^{-2} · s^{-1})
广东韶关	12.793 aA	28.486 aA	376.624 aA
广东英德	13.442 aA	27.894 aA	330.684 aA
广西桂林	12.599 aA	35.904 aA	377.574 aA
贵州兴义	13.882 aA	35.904 aA	377.574 aA
湖南江华	14.028 aA	27.872 aA	388.370 aA
湖南通道	11.772 aA	36.166 aA	377.524 aA

注：*P* 值表示检验结果的显著水平（$0.01 < P < 0.05$）。*LSD* 法多重比较结果以字母标记表示，小写字母标记 5% 显著水平，大写字母标记 1% 极显著水平。

光补偿点反映了植物利用弱光的能力，其值越小表明植物利用弱光的能力越强，植物的耐荫性越强；光饱和点则反映植物利用强光的能力，越高说明植物在受到强光刺激时不易发生光抑制，植物的喜光性越强。当外界光强超过植物的光饱和点后，光合速率不受光反应的抑制而受酶促过程和供应的 CO_2 限制，表观量子效率是在光抑制出现之前利用光的最大效率，反映了植物对光量子的最大利用能力，越大表明利用弱光的能力越强。

由此可见，在整个生长期内，这 6 个种源的翅荚木中，广东英德、湖南江华、广东韶关种源的耐荫能力比广西桂林、湖南通道、贵州兴义种源要强，特别是贵州兴义种源与其他几个种源相比，耐荫能力明显较低。相反，贵州兴义种源喜光性较好，广东英德种源的喜光性较差。

从表 2.3 中可以还可以看出，不同种源之间的最大净光合速率 A_{max}、光合补偿点 *LCP*、光合饱和点 *LSP* 虽然存在一定的差异，但是没有达到显著差异的水平。由此可见，不同种源间的光合效率差异不大，也就是说种源间的生长量差异不大，这与田间的多年观察基本一致，也说明单株选择和特异性状的选择是翅荚木良种选育的关键。

2.2.3　CO_2 响应

植物进行光合作用所同化的 CO_2，主要来源于周围的空气。因此，空气 CO_2 浓度的变化可以对光合速率产生明显的影响。使强光下 C_3 植物的光合作用达到饱和所需要的 CO_2 浓度常常是空气中 CO_2 浓度的几倍。所以空气中低浓度 CO_2 经常是 C_3 植物光合作用的限制因子。在饱和光下，叶片光合速率对胞间 CO_2 浓度增加的响应曲线可分为明显不同的两个阶段：第一阶段，在较低的胞间 CO_2 浓度下，光合速率随胞间 CO_2 浓度的增大而呈直线地升高，这段直线的斜率被称为羧化效率，它是叶片中活化 Rubisco 量多少的指标；第二阶段，在较高的胞间 CO_2 浓度下，光合速率不再或几乎不再随胞间 CO_2 浓度的增大而增高，这时的光合速率常被称为叶片的光合能力，表示叶片不受光、温度、水和 CO_2 等环境条件限制时潜在的光合能力。光合能力的高低依赖于 RuBP 再生能力的大小，而 RuBP 的再生往往受同化力(ATP 和 NADPH)供应的制约。后者的形成又依赖于光合电子传递及其耦联的光合磷酸化。在这两个阶段之间，常常还有一个曲线段，光合速率随着胞间 CO_2 浓度的升高而缓慢增高，反映了光合作用从受 RuBP 羧化限制到受 RuBP 再生限制的转变。

2007 年，我们在不同月份同样对 6 个不同种源翅荚木的 CO_2 响应参数分别进行了测定，测定结果运用 SPSS12.0 进行了非线性回归和线性回归分析计算并列成表(表 2.4)。

表 2.4　翅荚木不同种源 CO_2 响应曲线参数的年变化规律

Table 2.4　The CO_2-response curve parameters of different *Z. insignis* provenances

月份	种源	最大净光合速率 A_{max} ($\mu mol\ CO_2 \cdot m^{-2} \cdot s^{-1}$)	暗呼吸速率 R ($\mu mol\ CO_2 \cdot m^{-2} \cdot s^{-1}$)	表观量子效率 U	CO_2 补偿点 CCP ($\mu mol \cdot m^{-2} \cdot s^{-1}$)	CO_2 饱和点 CSP ($\mu mol \cdot m^{-2} \cdot s^{-1}$)
5 月	广西桂林	11.822	0.788	0.050	20.14	362.81
	湖南江华	9.744	0.100	0.073	11.80	401.56
	广东韶关	8.570	0.100	0.060	9.56	436.00
	湖南通道	12.086	0.100	0.087	7.41	446.76
	贵州兴义	15.188	0.906	0.036	30.30	490.55
	广东英德	9.435	0.930	0.056	20.18	188.66
	平均	11.141	0.487	0.060	16.57	387.72

（续）

月份	种源	最大净光合速率 A_{max} (μmol CO_2·m^{-2}·s^{-1})	暗呼吸速率 R (μmol CO_2·m^{-2}·s^{-1})	表观量子效率 U	CO_2合补偿点 CCP (μmol·m^{-2}·s^{-1})	CO_2合饱和点 CSP (μmol·m^{-2}·s^{-1})
6月	广西桂林	27.630	0.731	0.062	31.17	542.83
	湖南江华	22.682	0.757	0.062	21.87	458.06
	广东韶关	14.249	0.785	0.060	13.33	329.98
	湖南通道	20.220	0.870	0.057	28.71	425.18
	贵州兴义	18.630	0.714	0.063	25.60	413.73
	广东英德	18.606	0.884	0.056	17.38	389.50
	平均	20.336	0.790	0.060	23.01	426.55
7月	广西桂林	26.700	1.000	0.053	120.00	578.00
	湖南江华	24.607	1.000	0.056	115.59	555.00
	广东韶关	19.750	1.000	0.047	104.85	525.06
	湖南通道	10.500	0.969	0.044	38.28	300.78
	贵州兴义	17.874	0.986	0.039	108.64	566.95
	广东英德	10.370	0.950	0.041	62.35	342.62
	平均	18.300	0.984	0.047	91.62	478.07
8月	广西桂林	20.720	0.930	0.043	64.57	615.00
	湖南江华	22.080	0.988	0.037	97.68	694.43
	广东韶关	21.570	0.934	0.040	56.15	657.00
	湖南通道	17.360	0.903	0.070	17.10	514.00
	贵州兴义	3.155	0.389	0.099	138.36	425.18
	广东英德	17.828	0.999	0.023	82.87	858.00
	平均	17.119	0.857	0.052	76.12	627.27
9月	广西桂林	20.750	0.991	0.038	77.82	623.87
	湖南江华	27.050	0.865	0.035	93.94	866.80
	广东韶关	23.740	0.849	0.024	133.08	1122.25
	湖南通道	6.560	0.100	0.054	89.33	401.71
	贵州兴义	25.520	0.834	0.046	102.22	657.00
	广东英德	20.300	0.999	0.037	91.16	639.81
	平均	20.653	0.773	0.039	97.93	718.57
	年平均	17.510	0.778	0.052	61.05	527.64

从上表中可以看出，各个种源翅荚木的CO_2补偿点在整个生长期的变化基本上呈现一个先升高后降低最后又升高的趋势，但最低值和最高值出现的时期不同。CO_2饱和点的季节变化曲线(除了个别种源以外)从5月份到9月份一直处于上升的趋势。大部分种源的羧化效率也一直处于上升态势。

不同种源翅荚木的CO_2响应参数也存在一定差异。湖南通道种源在整个生长期对低浓度CO_2的利用效率最高，贵州兴义种源最低；在所测几个种源中，广东英德种源的CO_2饱和点随着月份的不同出现了较大变化，广东韶关种源在9月份的CO_2饱和点出现异常升高，其值达到了1122.25μmol·$m^{-2}s^{-1}$。从整体来看，这6个不同种源翅荚木CO_2饱和点的从大到小顺序依次为湖南江华种源、广西桂林种源、贵州兴义种源、广东英德种源、湖南通道种源、广东韶关种源。羧化效率的从大到小依次为湖南通道种源、贵州兴义种源、湖南江华种源、广西桂林种源、广东韶关种源、广东英德种源。

从上面的分析可以发现，湖南通道种源的翅荚木对低浓度CO_2的利用效率和羧化效率最高，湖南江华种源的CO_2饱和点最高，广东韶关种源的CO_2饱和点和羧化效率则较低。一般来说CO_2补偿点的高低因作物种类、大气中氧气的浓度、光能和温度的不同而异。CO_2补偿点低的作物，在较低的CO_2浓度下仍有光合产物积累，在正常的CO_2浓度中其光合效率相对较高。因此，低CO_2补偿点往往可以作为作物光合效率高的一个指标。CO_2浓度和光照强度对光合作物的影响是互相制约的，当光照充足时，CO_2限制着光合作用强度；当CO_2浓度足够时，光照强度又限制着光合作用强度。

2.4 翅荚木光能利用率

光能利用率是指植物通过光合作用所产生的有机物中所含的能量与这块土地所接受的太阳能的比，光能利用率反映了植物生产量的高低和生长特征。张祝平等(1996)研究了翅荚木天然林和人工林生产力(表2.5)。在粤北石灰岩地区，1992年7月调查时，天然林(萌生34年)和人工林(6年生)的现存生物量分别125.38和10.34 t·hm^{-2}；平均增长量3.69和1.72 t·hm^{-2}·a^{-1}；木材蓄积量为86.35和9.93 m^3·hm^{-2}；其乔木层总生产力为84284和21510 kJ·m^2·a^{-1}；光合有效辐射能的利用效率为5.43%、1.39%。反映了翅荚木天然林现存生物量比鼎湖山南亚热带常绿阔叶林(同龄萌生林，在1991年11月调查)现存生物量196t·hm^{-2}低，而比热带和亚热带半干旱区的107和98.7 t·hm^{-2}高。张任好(2006)在福建顺昌对14年生人工林研究发现，人工林生态系统总生物量为96125 t·hm^{-2}，其中乔木层占98.198%，灌木层占0.124%，草木层占0.178%。翅荚木人工林因盖度和叶面积指数比天然林低，故总生产力和光能利用率也比较低，说明翅荚木人工林尚有较高的生产潜力，但与其他阔叶树相比，翅荚木年生长量较高，光能利用率也较高，是一种适合生产上推广的速生树种。

表2.5 翅荚木乔木层的总生产力和光能利用率

Table 2.5 Gorse primary productivity and energy use efficiency of photo synthetically active radiation for arbor layer in *Z. insignis* forest

林型和层次		季度平均净光合速率($mgCO_2$·dm^{-2}·h^{-1})和光合产量(kJ·m^{-2}·a^{-1})								总生产力(kJ·m^{-2}·a^{-1})	光能利用效率(%)
		春季		夏季		秋季		冬季			
		Pn	*Pg*	*Pn*	*Pg*	*Pn*	*Pg*	*Pn*	*Pg*		
天然林	乔木层Ⅰ	7.85	15386	6.91	45072	3.83	17919			78377	5.05
	其中：翅荚木	8.89	11932	7.95	35156	4.30	13639			60727	3.91
	乔木层Ⅱ	3.47	740	4.98	3535	2.58	1314	1.55	318	5907	0.38
	合计		16126		48607		19233		318	84284	5.43
人工林		14.39	5183	8.88	10644	6.61	5683			21510	1.39

翅荚木乔木层的总生产力和光能利用率因季节而不同，从表2.5可以看出翅荚木天然林和人工林乔木层光合速率和光合产量的季节变化动态。两种林分的净光合速率春季最高，夏季大于秋季，秋季大于冬季，光合产量值则夏季最高，然后依次是秋季>春季>冬季。春季水湿条件较好，在晴天植物光合速率的日平均值较高，但同时春季阴雨天多，日照时数少，光合产量不高；夏季虽然上层阳性树种受中午强光高温影响，光合速率下降（只有翅荚木仍缓慢上升），其日平均值低于春季，但由于夏季水热条件优越，日照时数最多，从而翅荚木林光合产量值最高；秋季水湿条件较差，光合速率明显下降，光合产量值比夏季低；冬季是低温干旱季节，只有常绿树种能继续进行光合作用，且其光合速率很低，故光合产量值最低。

森林群落的生产能力主要取决于植物的光合速率和同化面积。翅荚木天然林经过多年的生长变化，耐荫树种逐渐成长，种类比较丰富，结构日趋完善，叶面积指数高；而翅荚木人工林因种植规范整齐，物种单一，结构简单。6年生翅荚木人工林总覆盖度40%，叶面积指数2.06，明显低于天然林，所以虽然人工林平均光合速率高于天然林乔木层Ⅰ及其中的翅荚木种群，但总生产力和光能利用效率都较低。这说明尽管翅荚木天然林和人工林的自然条件相近，但林内生境和森林结构各不相同，使得乔木层的光合速率和光合产量差异较大，其功能和效益也不同。在营林生产中，要根据造林的目的和效益，采取营造纯林或是营造混交林的造林方式，以取得最佳的效果。

2.5 翅荚木光合作用的影响因子

影响翅荚木光合作用的因素很多，大体可以分为内部因素和外部因素。内部因素包括遗传特性、叶片大小和解剖结构、叶绿体构造和叶绿素含量等因素，而外部因素主要有光合强度、光质、温度、CO_2浓度、水分、矿质营养和栽培措施等因素。在生产中，内部因素只能选择优良品种控制，而外部影响翅荚木生长的主要因子如水分、光照只有正确选择造林地和改进造林措施来控制，从而提高翅荚木林分的光能利用率和生长量，达到速生丰产的目的。我们分析了翅荚木净光合速率与生理生态因子的相关性，结果如表2.6。

表2.6 翅荚木净光合速率与生理生态因子的关系(5月份)

Table 2.6 The relationship between *Pn* and main physic-ecological factors for *Z. insignis*

种源	光合有效辐射	气孔导度	胞间CO_2浓度	蒸腾速率	气温	叶温	相对湿度	水蒸气压亏缺
广西桂林	-0.328	0.962(**)	0.547	0.027	-0.737(*)	-0.727(*)	0.762(*)	0.813(**)
湖南江华	-0.856(*)	-0.844(*)	0.568	0.773(*)	0.785(*)	-0.757(*)	0.069	-0.779(*)
广东韶关	-0.328	0.962(**)	0.547	0.027	-0.737(*)	-0.727(*)	0.762(*)	0.813(**)
湖南通道	0.752	-0.466	0.911(*)	0.155	-0.360	0.305	-0.562	-0.421
贵州兴义	-0.587	-0.627	0.271	0.194	0.287	-0.241	0.210	-0.241
广东英德	-0.771(*)	-0.690	0.573	0.523	0.640	-0.629	0.253	-0.544

注：** 表示极显著相关($P<0.01$)，* 表示显著相关($P<0.05$)。

从观测结果来看，在5月份，广西桂林种源的净光合速率与气温、叶温和空气相对湿度呈显著性相关，与气孔导度成极显著性相关；湖南江华种源与内外部因子相关性较强，广东韶关种源与气孔导度和叶温下蒸气压亏缺成极显著性相关。湖南通道和广东英德种源的净光合速率分别与与胞间 CO_2浓度和光合有效辐射成显著性相关。说明在 5 月份限制翅荚木净光合速率的因子因种源不同而不同。观测还发现，在 6～7 月份，6 个种源翅荚木的净光合速率与胞间 CO_2浓度成显著性或极显著性相关，说明在这两个月份中胞间 CO_2浓度是制约净光合速率变化的主因子；而到 8～9 月份，观测的种源的净光合速率则与所选因子无明显相关，特别是在 9 月份，无一因子与净光合速率的变化成显著性相关。

从不同种源的观测情况来看，广西桂林、湖南江华和广东韶关 3 个种源的净光合速率与光合有效辐射和胞间 CO_2浓度成显著性或极显著性相关，其他几个种源则只受胞间 CO_2浓度变化影响较大。

作为植物重要特性的光合作用本身就是一个极其复杂的、受到植物自身因子和环境因子综合作用的过程，严格区分哪个因子对光合作用的影响大小是非常困难的。在翅荚木光合速率的动态变化过程中，趋势性变化受控于内因，趋势内的波动是环境因子引起的，这种内外因素的相互作用构成了光合作用影响因子的多变性、随机性、复杂性和不稳定性。

尽管对整个生长期而言，光合有效辐射是影响翅荚木净光合速率变化的主因子但在不同季节，主要影响因子会有所不同。龙应忠等(2007)通过通径分析研究了 8 月中旬影响翅荚木苗木净光合速率的主要生态因子(表 2.7)。研究表明影响不同种源苗期上部叶片、下部叶片净光合速率的主要生理生态因子并不相同。

表 2.7　翅荚木净光合速率的主要影响因子

Table 2.7　The main physic-ecological factors for *Pn* in *Z. insignis*

种源号	上部叶片	下部叶片
融水	气孔导度、蒸腾速率、胞间 CO_2浓度	气孔导度、空气温度、胞间 CO_2浓度
忻城	蒸腾速率、叶温下蒸汽亏缺、光合有效辐射	空气相对湿度、气孔导度、空气温度
靖西	蒸腾速率、叶温下蒸汽亏缺、相对湿度	蒸腾速率、叶温下蒸汽亏缺、胞间 CO_2浓度
桂林	空气相对湿度、空气温度、蒸腾速率	空气温度、蒸腾速率、胞间 CO_2浓度
平果	空气相对湿度、空气温度、蒸腾速率	叶温下蒸汽亏缺、蒸腾速率、空气温度
英德	空气相对湿度、空气温度、气孔导度	空气温度、蒸腾速率、气孔导度
韶关	空气相对湿度、空气温度、蒸腾速率	空气相对湿度、空气温度、叶温下蒸汽亏缺
兴义	胞间 CO_2浓度、气孔导度、空气水分含量	气孔导度、叶温下蒸汽亏缺、胞间 CO_2浓度
江华	空气相对湿度、空气温度、空气水分含量	光合有效辐射、气孔导度、叶温下蒸汽亏缺
通道	蒸腾速率、空气 CO_2浓度、胞间 CO_2浓度	气孔导度、胞间 CO_2浓度、空气温度

从表 2.7 可以看出，翅荚木苗期上部叶片的净光合速率受较强生态因子控制，下部叶片的净光合速率受较强生理因子控制。影响翅荚木各种源苗期上部叶片、下部叶片净光合速率的主要生理生态因子不尽相同，既有生理因子也生态因子，有的种源以生理因子为主，而有的种源则以生态因子为主。

根据表 2.7 分析结果，翅荚木上部叶片的净光合速率受较强生态因子控制(但种源差异较大)，下部叶片的净光合速率受较强生理因子控制。其可能生理原因是上部叶片处于树冠顶部，所处微生境条件变化较为剧烈，其叶绿素含量、叶片构造、气孔结构等受太阳辐射、温度、空气流动等影响较大；下部叶片处于树冠下部，所处微生境条件变化较小，其叶绿素含量、叶片构造、气孔结构等受太阳辐射、温度、空气流动等影响较小。在翅荚木苗木培育过程中，应根据影响各种源净光合速率的生理生态因子，调整田间管理措施，如选择向阳圃地育苗、加强肥水管理等，增加苗期的光合能力，培育优质翅荚木种源苗木，以满足造林生产的需求。

第3章　翅荚木抗寒生理特性

翅荚木天然分布于南亚热带，20世纪80年代先后被引种至中亚热带的湖南、福建、江西、浙江、河北和四川等地引种，表现出比当地乡土树种更好的速生性，同时冬季低温时也易受冻害，特别是苗期和幼林期尤为严重，但不同种源之间的冻害差异极大(陈亮明等，1997)。我们将广西、广东、湖南、贵州等地6个翅荚木种源苗木作为供试材料，进行了低温诱导和低温冷冻处理，测定其生理物质的变化情况并进行恢复生长试验，同时研究了其叶片结构与抗寒性的关系，测定了其田间抗寒性，推算了枝条半致死温度，采用差示热量扫描仪测定叶片组织的过冷点温度，探索翅荚木抗寒性的评价方法，旨在为翅荚木抗寒种源的选择和引种栽培提供科学的依据。

3.1　低温诱导对翅荚木幼苗生理指标的影响

根据苗期试验的初步结果和种源的地理分布情况，研究重点对广西靖西和忻城、广东英德、湖南通道和江华、贵州兴义等6个种源进行抗寒性分析。各种源种子于2004~2005年冬季采集后，净种，自然干燥，密封贮藏。

翅荚木幼苗的低温诱导在人工气候箱中进行。试验于2006年9月中旬将种子用60℃始温水浸泡，待自然冷却后放入25℃培养箱中浸种24h，然后播种于盛装珍珠岩基质的塑料钵(直径12cm)中，每盆10粒。置于人工气候箱中，昼/夜温度25℃/20℃，光强4000Lx，每天光照14h条件下培养，真叶长出后，每周浇Hoagland营养液1次。11月初以1℃ · h^{-1}的速度梯度降温，进行低温诱导，分别在20℃、15℃、10℃、7℃、4℃处理24h后取样。样品统一取自幼苗顶端第3、4节复叶用于生理指标和过冷点的测定。每种源10株混合取样，重复3次。

3.1.1　可溶性蛋白

翅荚木可溶性蛋白质含量测定采用考马斯亮蓝G-250染色法(王晶英等，2003)。

(1)标准曲线制作：取6支试管分别加入浓度为1000μg · mL^{-1}的牛血清蛋白溶液各0mL、0.2mL、0.4mL、0.6mL、0.8mL、1.0mL，再分别加入1.0mL、0.8mL、0.6mL、0.4mL、0.2mL、0mL蒸馏水，即蛋白含量分别为0μg，200μg，400μg，600μg，800μg，1000μg。混匀后向各管加入5mL考马斯亮蓝G-250试剂，振荡混匀，放置2min后再595nm波长下比色。以光密度为纵坐标，以蛋白含量为横坐标，绘制标准曲线，并求出标准线性方程。

(2)取0.5g幼苗叶片，用5mL 50mmol · L^{-1}的磷酸缓冲液(pH7.8)提取，冰浴研磨，10000r · min^{-1}，4℃离心10min，收集上清液。吸取稀释后的样品提取液1.0mL，放入具塞试管中(每个样品重复2次)，加入5mL考马斯亮蓝G-250染色液，充分振荡，放置2min后在595nm下比色，测定吸光度，并通过标准曲线查得蛋白质含量。结果计算公式如式(3.1)：

$$可溶性蛋白质的含量(\mu g \cdot g^{-1}FW) = (C \times V_t)/(V_s \times W) \quad (3.1)$$

式中：C——提取液中蛋白含量(μg)，由标准曲线求得；

V_t——提取液总体积(mL)；

V_s——测定时加样量(mL)；

W——样品鲜重(g)。

经测定，翅荚木幼苗低温诱导过程中可溶性蛋白质含量的变化如图3.1。

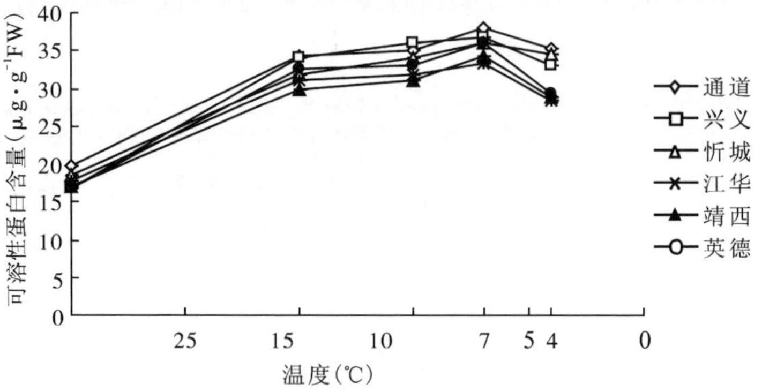

图3.1 低温诱导过程中可溶性蛋白含量的变化

Figure 3.1 Changes in contents of soluble protein in leaves of *Z. insignis* during low-temperature induction

由图3.1可见，在低温诱导期间不同种源翅荚木幼苗的可溶性蛋白质含量的变化具有相似规律，均随着温度下降呈上升趋势，这与其他树种的类似研究(芦站根等，2003；徐位力等，2005)结果相一致。可溶性蛋白质的亲水性很强，其含量的增加可显著加强细胞的保水力，有助于提高细胞内的束缚水含量和原生质弹性，降低冰点，并可能导致细胞液过冷却的形成(郑国铝等，1991)，从而成为防止细胞内结冰的原因之一。

翅荚木可溶性蛋白电泳可在Bio-rad PowerPac universal电泳仪和Bio－rad mini protean 3电泳槽中进行。采用7.5%分离胶和5%浓缩胶的常规方法，每孔点样15μL，水浴中恒压电泳，浓缩胶80V，分离胶100V，电泳2~3h，待溴酚兰指示剂迁移至下沿约0.5cm时停止电泳，取出凝胶，做好标记，进行染色。称取0.2g考马斯亮蓝R250，先用少量无水乙醇溶解，然后用含有40%乙醇和7%的醋酸的水溶液稀释至200mL。将胶板浸入此液室温下5~6h，倒去染色液，用蒸馏水冲洗附着于胶上的染料，再将胶浸入脱色液中(400mL乙醇，70mL冰醋酸加蒸馏水到1000mL)，更换脱色液几次，直到背景清晰为止。最后进行拍照分析。

不同种源翅荚木低温诱导后的可溶性蛋白常规电泳图谱如图3.2。从图中可以看出，低温诱导后，既有原有蛋白质含量的增加，也有新的与抗寒相关的蛋白的产生。Ⅰ、Ⅱ、Ⅲ为6个种源的共有条带，在7℃低温诱导以后条带加宽、颜色加深，说明6个种源Ⅰ、Ⅱ、Ⅲ号条带均有量的增加。Ⅳ、Ⅴ号条带为低温诱导后新增加的条带。除江华种源只有Ⅴ号条带产生，其余5个种源均有Ⅳ、Ⅴ两条带。但是，新增的蛋白是否是低温诱导的特异蛋白，还有待于进一步分析验证。

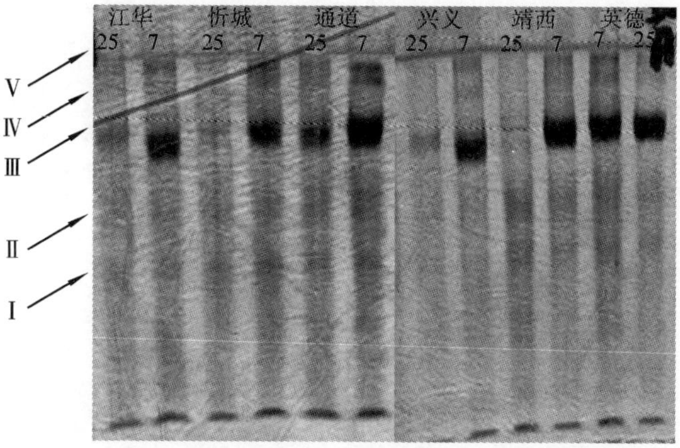

图 3.2 不同种源翅荚木可溶性蛋白常规电泳图

Figure 3.2 The patterns of soluble protein from 6 *Z. insignis* provenances

3.1.2 可溶性糖

翅荚木可溶性糖含量的测定采用蒽酮法(王晶英等，2003)。

(1)标准曲线制作。取 6 支试管分别加入浓度为 100μg · mL^{-1}的蔗糖溶液各 0mL、0.2mL、0.4mL、0.6mL、0.8mL、1.0mL，再分别加入 2.0mL、1.8mL、1.6mL、1.4mL、1.2mL、1.0mL 蒸馏水，即糖含量分别为 0μg、20μg、40μg、60μg、80μg、100μg。向每个试管中加入 0.5mL 蒽酮乙酸乙酯试剂和 5mL 浓 H_2SO_4，充分振荡，立即将试管放入沸水浴中，逐管准确保温 1min，取出后自然冷却至室温，以空白作参比。在 630nm 波长下测其光密度。以光密度为纵坐标，以糖含量为横坐标，绘制标准曲线，并求出标准线性方程。

(2)取新鲜植物叶片剪碎混匀后称取 0.2g，放入大试管中，加入 10mL 蒸馏水，塑料薄膜封口，于沸水浴提取 30min(提取 2 次)，提取液过滤倒入 25mL 容量瓶中，反复冲洗试管及残渣，定容至刻度。吸取稀释后的提取液 2mL 于试管中(重复 2 次)，加 0.5mL 蒽酮乙酸乙酯试剂和 5mL 浓 H_2SO_4，充分振荡，立即加入沸水浴准确保温 1min，自然冷却至室温，以空白(2mL 水 +0.5mL 蒽酮乙酸乙酯 +5mL 浓 H_2SO_4)作参比，630nm 比色。从标准方程中求出提取液含糖量，然后计算出组织含糖量，结果计算公式如式(3.2)。

$$可溶性糖含量(\mu g \cdot g^{-1}FW) = n \times C \times V_t / (10^6 \times V_l \times W) \qquad (3.2)$$

式中：n——稀释倍数；

C——提取液中糖含量(μg)，由标准曲线求得；

V_t——提取液总体积(mL)；

V_l——测定所吸取的体积(mL)；

W——样品鲜重(g)。

经测定，在低温诱导期间各种源翅荚木的可溶性糖含量随温度的下降均呈持续上升的趋势(图 3.3)。这与落叶松(*Larix gmelinii*)(武惠肖等，2000)、马占相思树(*Acacia mangium*)(巫光宏等，2002)、香蕉(*Musa* spp.)(陈杰忠等，1999)等植物的同类研究的结果相符。温度降至 7℃时各种源可溶性糖含量几乎都达到最高水平，通道、江华、靖西种源的可溶性糖含量在 4℃时仍略有上升，兴义、忻城、英德种源的可溶性糖含量在 4℃时则

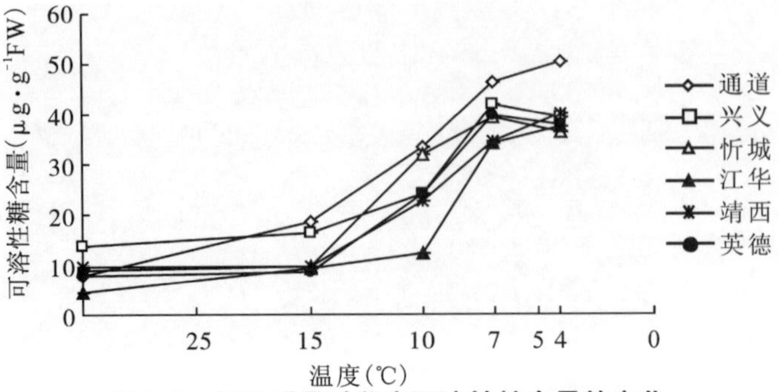

图 3.3　低温诱导过程中可溶性糖含量的变化

Figure 3.3　Changes in contents of soluble carbohydrate in leaves of *Z. insignis* during low-temperature induction

稍有下降，但变化幅度均不明显。在低温诱导期间通道种源翅荚木可溶性糖含量增加的幅度最大，7℃时其含量增加了 5.12 倍。

一般认为低温驯化的过程为：低温→糖的积累→渗透势降低→游离 ABA 含量增加→诱导蛋白合成→增加抗寒性。本试验中，翅荚木幼苗在低温诱导期间可溶性糖含量和可溶性蛋白含量的呈极显著正相关($R=0.969$，$P<0.01$)。充分证明了诱导过程中可溶性糖积累和可溶性蛋白积累存在紧密的内在联系。

3.1.3　游离脯氨酸

翅荚木的游离脯氨酸(fPro)含量测定采用磺基水杨酸法(王晶英等，2003)。

(1)标准曲线的制作。取 7 个刻度试管分别加入浓度为 10μg · mL^{-1} 脯氨酸溶液各 0mL、0.2mL、0.4mL、0.8mL、1.2mL、1.6mL、2.0mL 用蒸馏水定容至刻度，摇匀，即各瓶的脯氨酸含量分别为 0μg、2μg、4μg、8μg、12μg、16μg、20μg。分别加入冰乙酸 2mL，酸性茚三酮显色液 3mL，在沸水浴中加热 40min，溶液呈红色。待溶液冷却后加入 5mL 甲苯，充分振荡，以萃取红色物质。静止，待分层后吸取甲苯层至比色杯中。以 0 号管为空白对照，在 722 型分光光度计上 520nm 波长处比色，求得吸光度。以吸光度值为纵坐标(y)，以脯氨酸含量为横坐标(x)，绘制标准曲线，求线性回归方程。

(2)取待测新鲜材料剪碎混匀后称取 0.2g，置于大试管中，然后向试管内加 5mL 浓度为 3% 的磺基水杨酸溶液，用保鲜膜封口，在沸水浴中提取 10min(提取过程中经常摇动)。冷却后过滤，滤液即为脯氨酸的提取液。吸取 2mL 稀释后的提取液于试管中(空白对照加 2mL 蒸馏水)，加入 2mL 冰乙酸和 3mL 酸性茚三酮显色液，保鲜膜封口，在沸水浴中加热 40min，溶液呈红色。取出冷却后向各管中加入 5mL 甲苯，充分振荡萃取红色物质，静止分层。吸取甲苯层至比色杯中，于 520nm 波长下比色，求得吸光度。根据吸光度值按照回归公式计算溶液中脯氨酸的含量，按公式(3.3)计算样品中脯氨酸的含量。

$$\text{脯氨酸的含量}(\mu g \cdot g^{-1}FW) = C \times V_t / (V_l \times W) \tag{3.3}$$

式中：C——提取液中脯氨酸含量(μg)，由标准曲线求得；

V_t——提取液总体积(mL)；

V_l——测定所吸取的体积(mL)；

W——样品鲜重(g)。

经测定，翅荚木各种源幼苗在低温诱导期间游离脯氨酸含量变化如图 3.4 所示。各种源翅荚木幼苗在低温诱导期间游离脯氨酸含量并没有一致的变化趋势。但是在 10℃时，

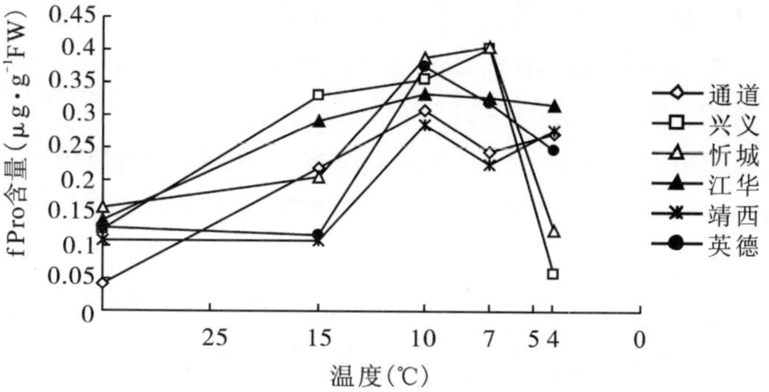

图 3.4 低温诱导过程中 fPro 含量的变化

Figure 3.4 Changes in contents of proline in leaves of *Z. insignis* during low-temperature induction

通道、江华、靖西、英德 4 个种源的游离脯氨酸含量均达到了最高值。除兴义和忻城种源在 7℃仍略有上升外，其余种源均在 7℃有下降的趋势，但降幅不大。在 4℃时通道和靖西种源的游离脯氨酸含量又稍有上升。从不同种源的变化情况来看，低温诱导之后通道种源游离脯氨酸的变化值最大，与对照相比增加了 6.5 倍之多。

对桉树(*Eucalyptus* spp.)(黄月华等，2005)、肇东苜蓿(*Medicago sativa*)(张荣华等，2006)等物种的研究结果均表明，在植物受低温胁迫时，游离脯氨酸含量逐渐积累。脯氨酸具有易于水合的趋势和较强的水合能力，在植物逆境胁迫下，被认为是一种渗透保护剂。脯氨酸的增加可以降低细胞内的水势，保证细胞不会过度失水，从而保证了蛋白质胶体的稳定。因此，脯氨酸可使植物具有一定的抗性和保护作用。

在低温诱导期间脯氨酸含量的变化与可溶性蛋白和可溶性糖含量呈极显著正相关($R=0.945$，$P<0.01$；$R=0.918$，$P<0.01$)。表明游离脯氨酸、可溶性糖在细胞质中大量积累，不仅保持了蛋白质的水合度，而且防止原生质过度脱水、蛋白质凝固变性，从而增强了植物的抗冻能力。这与以往在落叶松(陈杰忠等，1999)、香蕉上的试验结果相符(武惠肖等，2000)。

现有的文献报道中认为，游离脯氨酸在逆境条件下的累积，既可能是对逆境的反应，其主要作用是作为渗透调节物质和防脱水剂，调节渗透势(汤章城，1984)；又可能是细胞结构和功能受损的表现，如韩涛等认为脯氨酸含量的增加是低温伤害的结果(韩涛等，1995)。而一般地认为植物在低温下游离脯氨酸的大量积累可使植物具有一定的抗逆性。本试验结果表明：低温诱导使各种源翅荚木幼苗体内游离脯氨酸含量增加，是翅荚木幼苗对低温的一种适应性反应。

3.1.4 超氧化物歧化酶

翅荚木超氧化物歧化酶(SOD)活性测定采用氮蓝四唑(NBT)的光化还原法(中国科学院上海植物生理研究所，1999)，酶活性单位(*U*)采用抑制光化还原 NBT50% 为一个活性单位。SOD 粗酶液提取同可溶性蛋白质。

取 10mL 玻璃试管数支，其中 1 支为对照管，将下列试剂加入各试管中：

(1)0.05mol·L^{-1}(pH7.8)的磷酸缓冲液 3.1mL，对照为 3.2mL；

(2)130mmol·L^{-1}的甲硫氨酸(Met)溶液 0.2mL；

(3)$100\mu mol \cdot L^{-1}$的 EDTA－Na_2溶液0.2mL；

(4)$20\mu mol \cdot L^{-1}$的核黄素溶液0.2mL；

(5)$750\mu mol \cdot L^{-1}$的氮蓝四唑(NBT)溶液0.2mL；

(6)提取酶液0.1mL(加 NBT 后应立即加酶液)，对照不加酶液。

反应总体积为4mL。试剂加完后混匀，将试管置于4000Lx 日光灯下反应20～30min(要求各试管受光情况一致，温度高时时间缩短，低时时间延长)，用不透光的黑布终止反应。反应结束后，以蒸馏水作空白，置560nm 处测定各试管的光吸收值，已知 SOD 活性单位以抑制 NBT 光化还原的50%为一个酶活性单位(U)表示，按式(3.4)计算 SOD 活性。

$$\text{SOD 总活性}(\mu g \cdot g^{-1}FW) = (A_{ck} - A_E) \times V_t / (0.5 \times A_{ck} \times W \times V_l) \quad (3.4)$$

式中：A_{ck}——对照管的光吸收值；

A_E——样品管的光吸收值；

V_t——样液总体积(mL)；

V_l——测定时样品用量(mL)；

W——样品重(g)。

经测定，低温诱导对翅荚木幼苗 SOD 酶活性的影响如图3.5。由此可见，低温诱导对6个种源翅荚木幼苗 SOD 酶活性的影响具有相似规律，均呈现"S"形变化。在低温诱导初期6个种源翅荚木幼苗 SOD 酶活性下降，在10℃达最低值。然后随温度的下降 SOD 酶活性呈上升趋势，7℃时达最高值，并且在温度降至4℃时仍保持高水平，可以看到在每一个处理温度中通道种源的 SOD 酶活性总是保持最高。

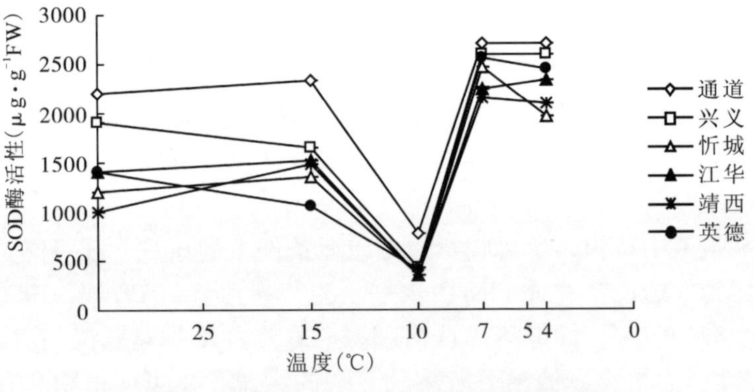

图3.5 低温诱导过程中 SOD 酶活性的变化

Figure 3.5 Changes in activities of SOD in leaves *Z. insignis* during low-temperature induction

低温逆境打乱了植物体内正常的代谢平衡，使 $NADP^+$供应不足，从而影响了电子流的正常传递，在电子传递链中，某些还原组分(如黄素铁氧还蛋白)将单电子传递给氧生成了超氧阴离子自由基。SOD 作为植物体中最重要的清除活性氧自由基的保护酶之一，催化体内分子氧活化的第一个中间产物——超氧阴离子自由基的歧化反应，降低了活性氧浓度，减缓膜质过氧化作用，从而对机体起到保护作用。SOD 酶的活性高低间接地说明了植物耐寒性的强弱。低温诱导下 SOD 活性越强，在低温下对超氧阴离子自由基的清除能力越强，对低温逆境的适应能力就越强，抗寒性就越强。

翅荚木幼苗在低温胁迫过程中 SOD 活性表现出波动变化。这可能是因为在低温胁迫初期温度的下降打破了最初植物体内的代谢平衡，导致酶活性的下降，随着低温时间的延长和降温幅度增加，刺激温度胁迫相关基因的大量表达，酶活性上升，清除了超氧化物阴离子自由基，一定程度上避免了活性氧对机体的伤害。

3.1.5　过氧化物酶

翅荚木过氧化物酶(POD)活性的测定采用愈创木酚法测定(Sequeira L et al.，1966；J Kochba，1977)。粗酶液提取同可溶性蛋白质，上清液为POD酶粗提液。

反应混合液的制备方法如下：50mmol · L^{-1}磷酸缓冲液(pH 7.8)50mL于烧杯中，加入愈创木酚28μL，于磁力搅拌器上加热搅拌，直至愈创木酚溶解，待溶液冷却后，加入30%过氧化氢19μL，混合均匀，保存于冰箱中。

取光径1cm比色杯2只，于一只中加入反应混合液3mL，50mmol · L^{-1} pH7.8的磷酸缓冲液1mL，作为校零对照，另一只中加入反应混合液3mL，稀释后的POD粗酶提取液1mL，立即开启秒表记录时间，于分光光度计波长470nm下测量吸光度值，每隔20秒读数一次，以1min内A470变化0.01为一个活性单位(U)。POD酶活性计算公式如式(3.5)。

$$\text{POD酶活性}(\mu g \cdot g^{-1}FW) = A_S \times V_t / (0.01 \times V_l \times t \times W) \tag{3.5}$$

式中：A_S——样品管吸光值；

V_t——粗酶提取液总体积(mL)；

V_l——测定用粗酶液体积(mL)；

t——反应时间(1min)；

W——样品鲜重(g)。

翅荚木幼苗低温诱导期间POD酶活性变化如图3.6。由此可见，在低温诱导期间POD酶活性先是升高，在10℃时稍有下降，然后又继续升高。6个种源翅荚木幼苗的POD酶活力在7℃时均达到最高值，在4℃时又稍有下降，但仍能维持较高水平，而且在每一个处理中温度通道种源的POD酶活性总是保持最高。

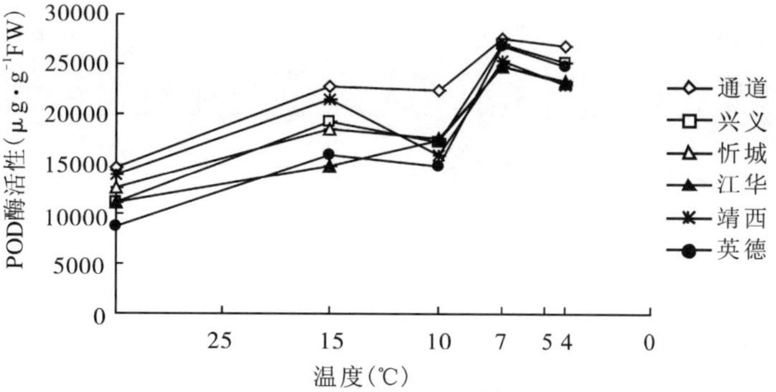

图3.6　低温诱导过程中POD酶活性的变化

Figure 3.6　Changes in activities of POD in leaves *Z. insignis* during low-temperature induction

在低温诱导期间，植物体内保护酶活性变化已有较多报道(彭永康等，1994；万琳琛等，2001)。一般认为，抗寒植物在低温胁迫下，POD活性或表现为先升后降(彭永康等，1994)，或表现为略有升高(戴金平等，1991)；而不耐寒的植物其保护酶活性则表现为一直降低趋势(陈贻竹等，1988)。试验结果表明，各种源翅荚木幼苗受低温胁迫时，体内的 POD 保护酶的活性仍能维持较高水平，因而避免了活性氧等各种自由基的大量积累，减轻了膜脂过氧化作用，降低了细胞膜的破坏程度。

3.1.6　过氧化氢酶

翅荚木过氧化氢酶(CAT)活性测定采用紫外分析法(王晶英等，2003)。粗酶液提取同可溶性蛋白质，上清液为 CAT 酶粗提液。

反应混和液的制备方法如下：100mmol・L^{-1}磷酸缓冲液(pH7.8)30mL 于烧杯中，加入 20mL 蒸馏水，混匀。取比色杯 2 只，加入 2.5mL 反应混和液，0.2mL 稀释后的酶粗提液，然后加入 0.3mL 0.1mol・L^{-1}的 H_2O_2，加完 H_2O_2后立即开启秒表记录时间，于紫外分光光度计波长 240nm 下测量吸光度值，每隔 20 秒读数一次。以 1min 内 A240 减少 0.1 的酶量为 1 个酶活力单位(U)。CAT 酶活性计算公式如式(3.6)。

$$\text{CAT 酶活性}(\mu g \cdot g^{-1}FW) = (A_{S0} - A_S) \times V_t / (0.1 \times V_l \times t \times W) \tag{3.6}$$

式中：A_{S0}——加入煮沸失活酶液的对照管吸光值；

A_S——样品管吸光值；

V_t——粗酶提取液总体积(mL)；

V_l——测定用粗酶液体积(mL)；

t——反应时间(1min)；

W——样品鲜重(g)。

经测定，低温诱导期间翅荚木幼苗体内的 CAT 酶活性变化如图 3.7。由此可见，在低温诱导期间，翅荚木幼苗体内的 CAT 酶活性一直处于下降趋势。

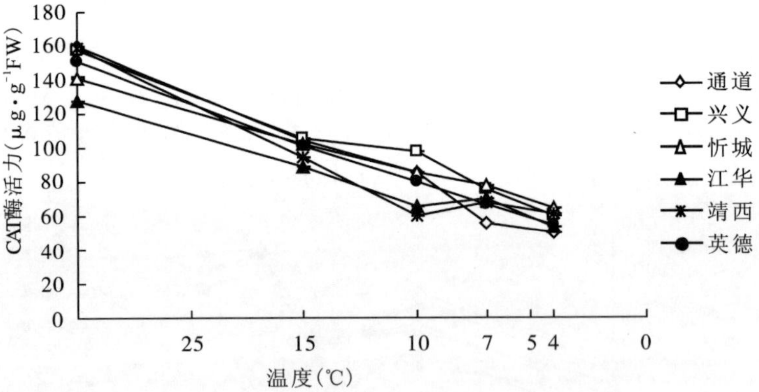

图 3.7　低温诱导过程中 CAT 酶活性的变化

Figure 3.7　Changes in activities of CAT in leaves *Z. insignis* during low-temperature induction

对于低温诱导过程中植物体内 CAT 酶活性的变化一直有着不同解释。左宝峰(2005)在自然降温过程中对雪松体内的 CAT 酶活性的研究表明，CAT 酶活性随气温变化呈“M”形变化，在 10~12 月，二者活性均逐渐增加，当气温达全年最低时(1 月份)CAT 酶活性迅速下降，随着气温逐渐回升 CAT 活性也在增强；彭永康等(1994)在 1994 年豌豆的低温胁迫期间发现 CAT 酶活性表现为先升后降；张素勤等(2006)在茄子幼苗的低温胁迫中发现，耐冷性强的品种 CAT 酶活性增加，耐冷性弱的品种 CAT 活性下降；李晶(2000)在研究中发现经冷驯后红松 CAT 酶活性维持恒定和略有增高的趋势。但是，也有一些研究结果表明在低温胁迫中随温度的下降，CAT 酶活性处于下降趋势，如彭昌操等(2000)在低温锻炼期间对3个柑橘品种原生质体CAT酶活性的研究结果表明CAT酶活性大小与其抗寒性的强弱基本呈负相关。

3.1.7　束缚水与自由水比值

束缚水是原生质体中水分的一种存在状态，它被亲水的大分子物质牢牢地束缚着，无溶解性能，不参与代谢，冰点低。束缚水的含量高，抗性强。它的含量变化将影响原生质胶体结构的稳定性。植物越冬期束缚水与自由水的比值可以反映植物耐寒性的强弱，耐寒性强的品种越冬时束缚水含量高，有利于抵抗外界不良环境，保持原生质胶体结构的稳定(佘文琴等，1995)。刘星辉等(1990)报道，香蕉叶片的束缚水与自由水的比值与品种耐寒性密切相关；马翠兰等(1998)亦认为，束缚水与自由水比值与柚品种的耐寒性呈正相关。

研究采用阿贝折射仪法(王晶英等，2003)测定了翅荚木幼苗低温诱导过程中束缚水与自由水比值的变化。取各种源低温处理后的叶片，避开大叶脉，用直径为0.6cm打孔器打取小圆叶片20片，分为2份，分别称重。一份置烘箱中于105℃下烘10min以杀死植物组织，再于80℃下烘至恒重(称重前须置于干燥器中，待冷却后称重)为植物组织中总含水量。称量瓶重量为W_1，称量瓶与小圆片的重量为W_2，称量瓶与烘干的小圆片的重量为W_3，植物组织总含水量按公式(3.7)计算。另一份加入60%(W/V)的蔗糖溶液5mL浸过叶圆片，再分别准确称重。置于暗处浸提5h，每半小时振荡一次，用阿贝折射仪分别测定称量瓶蔗糖溶液的浓度和蔗糖原液的浓度，计算自由水含量。称量瓶重量为W_1，称量瓶与小圆片的重量为W_2，称量瓶与小圆片及糖液的重量为W_3，蔗糖原液浓度为C_1，浸过植物组织后的糖液的浓度为C_2，植物组织自由水含量按公式(3.8)计算。植物组织束缚水含量按公式(3.9)计算。每个样品设置三次重复。

$$\text{总含水量}(\%) = (W_2 - W_3)/(W_2 - W_1) \times 100\% \quad (3.7)$$

$$\text{自由水含量}(\%) = (W_3 - W_2) \times (C_1 - C_2)/[C_2 \times (W_2 - W_1)] \times 100\% \quad (3.8)$$

$$\text{束缚水含量}(\%) = \text{总含水量} - \text{自由水含量} \quad (3.9)$$

经测定，6个种源在低温诱导过程中束缚水与自由水的比值与对照相比均有所升高(图3.8)，但并无规律性变化。说明束缚水与自由水的比值并不适合作为衡量不同种源翅荚木幼苗抗寒性的指标。

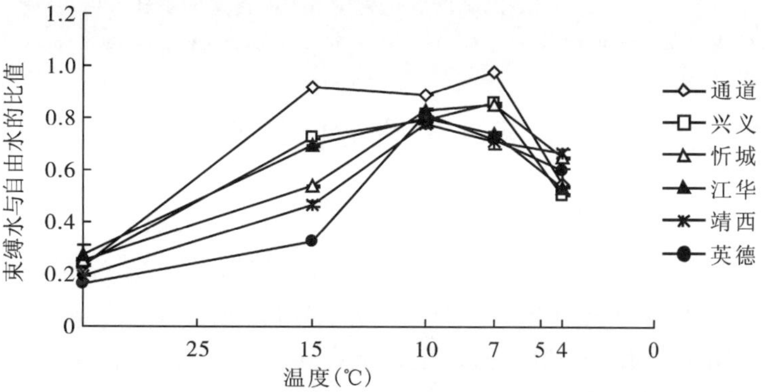

图3.8　低温诱导过程中束缚水与自由水比值的变化

Figure3.8　Changes in ratio of the contents of bound water to free water in leaves *Z. insignis* during low-temperature induction

3.1.8 丙二醛

丙二醛(MDA)是膜脂过氧化作用的最终产物，也是衡量膜系统受害的重要指标之一。

翅荚木 MDA 含量测定用硫代巴比妥酸(TBA)显色法(汤章诚，1999)。取 0.2g 叶片，加 10% 的三氯醋酸(TCA)3mL，研磨后所得匀浆在 $3000r \cdot min^{-1}$ 下离心 10min。取上清液 2mL，加 0.6% TBA 2mL，混合后在 100℃ 水浴上煮沸 15min，迅速冷却后再离心一次。分别测定上清液在 450、532 和 600nm 处的吸光度值 A_{450}、A_{532}、A_{600}，并按下列公式(3.10)、公式(3.11)算出 MDA 的浓度，再算出单位鲜重组织中 MDA 含量($\mu mol \cdot g^{-1}FW$)。

$$\text{MDA 浓度 } C(mol \cdot L^{-1}) = 6.45 \times (A_{532} - A_{600}) - 0.56 \times A_{450} \quad (3.10)$$

$$\text{MDA 含量 } Y(\mu mol \cdot g^{-1}) = C \times V/W \quad (3.11)$$

式(3.11)中，V 为提取液体积(mL)；W 为植物组织鲜重(g)。

由图 3.9 可见，不同种源的翅荚木幼苗在低温诱导初期体内的 MDA 含量变化均不明显，而当温度降至 7℃时 MDA 含量有所下降，这与 7℃时翅荚木幼苗体内的 SOD、POD 酶活性均处于最高水平相对应。MDA 含量与 SOD 酶活性呈极显著负相关($R = -0.981$，$P < 0.01$)；与 POD 酶活性呈显著负相关($R = -0.904$，$P < 0.05$)。这说明在低温诱导期间翅荚木幼苗体内 SOD、POD 保护酶的活性增加，因而避免了活性氧等各种自由基的大量积累，减轻了膜脂过氧化作用，从而降低了 MDA 含量。

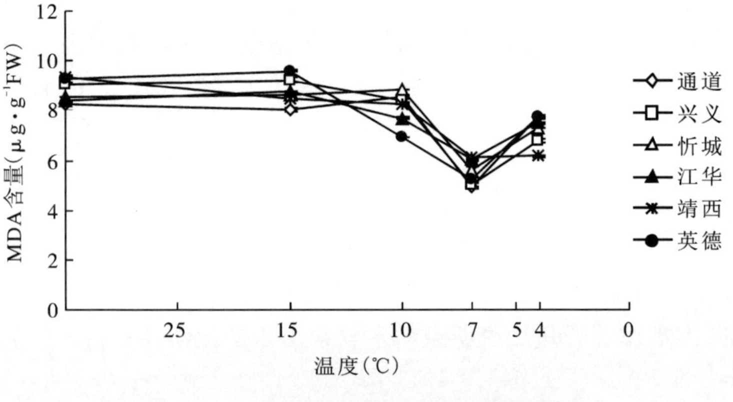

图 3.9 低温诱导过程中 MDA 含量的变化

Figure 3.9 Changes in contents of MDA in leaves of *Z. insignis* during low-temperature induction

3.2 低温胁迫对翅荚木苗木生理指标的影响

人工冷冻处理是研究植物抗寒性的重要途径。为了研究翅荚木在低温下生理指标的变化情况，试验以不同种源翅荚木 1 年生苗木为供试材料，进行了冷冻处理。

试验苗木于 2006 年 4 月底播种于湖南株洲中南林业科技大学教学基地，各种源苗木的立地条件和苗期管理条件一致。植株生长发育健壮整齐，平均苗高 190cm。2007 年 1 月中旬(气温 2~6℃)，每种源选取生长一致的苗木 35 株，每株截取 60~80cm 的健壮枝条。枝条截取后先用自来水冲洗干净，然后再用蒸馏水进一步冲洗。每种源分 7 组，每组 10 根分别用湿纱布将枝条包裹后装入塑料袋中，置于低温冰箱内处理。梯度降温设 4℃、0℃、-4℃、-8℃、-12℃、-16℃、-20℃共 7 个低温处理，以 4℃为对照(CK)。降温速度为1℃·h^{-1}。降到所需温度维持24h后取出1组枝条以1℃·h^{-1}的升温速度升温到4℃，其余枝条继续进行降温处理。每组取每枝条自顶端数第三、四节茎用于生理指标测定，余下的枝条剪成15cm茎段，用于恢复性生长试验。

试验将各温度低温冷冻处理的材料避开芽眼剪成0.2～0.3cm的小段，混合均匀后分别测定其可溶性蛋白、可溶性糖、SOD酶活性、MDA含量和相对电导率。样品称取重2g，重复3次。可溶性蛋白、可溶性糖、SOD酶活性、MDA含量测定方法同3.1。

3.2.1 可溶性蛋白

一种观点认为，植物细胞中可溶性蛋白含量的增加与植物抗寒性的增大存在明显的正相关(简令成，1986)。低温胁迫下植物的耐寒性与植物蛋白质变化的不尽一致甚至相反的结果正反映出蛋白质的质变、量变与耐寒性的复杂关系。本试验结果表明，随着处理温度的降低，翅荚木枝条中可溶性蛋白质含量增加。

如图3.10所示，低温胁迫下6个种源翅荚木枝条中可溶性蛋白含量的变化具有相似的规律，即虽然含量有所波动，呈"升—降—升"的变化，但总体来讲，仍是增加趋势。尤其是第二个变化高峰－8℃时，各种源翅荚木的可溶性蛋白含量与4℃时相比增加了4.5586～6.8546μg。

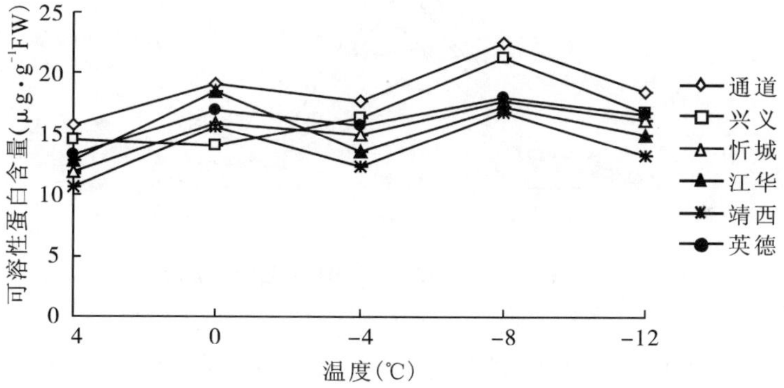

图3.10 低温胁迫对可溶性蛋白含量的影响

Figure 3.10 Effect of cold-hardening on the contents of soluble protein in one-year shoots of *Z. insignis*

3.2.2 可溶性糖

众所周知，植物在越冬前积累可塑性物质的基本形式是淀粉。这种积累通常在夏季便开始储存在根、干、枝的皮层和木质部中。在低温到来之前则转化为糖类和脂肪以及纤维素和其他化合物，从而增强抗逆性。图3.11表示低温胁迫对可溶性糖含量的影响，可以看出4℃时各种源的可溶性糖含量均为最高值，说明在冬季最低温度到达之前，即在初冬翅荚木幼苗已经完成了低温锻炼，可溶性糖含量已经达到了最高水平。随着处理温度的降低，各种源的可溶性糖含量均大幅下降，在－4℃时到达最低点。此后随处理温度的降低各种源翅荚木体内的可溶性糖含量维持在低水平上的小幅度变化。随着温度胁迫加剧，可溶性糖含量降低，可能是因为低温逆境中，需要消耗较多的可溶性糖产生能量的缘故。

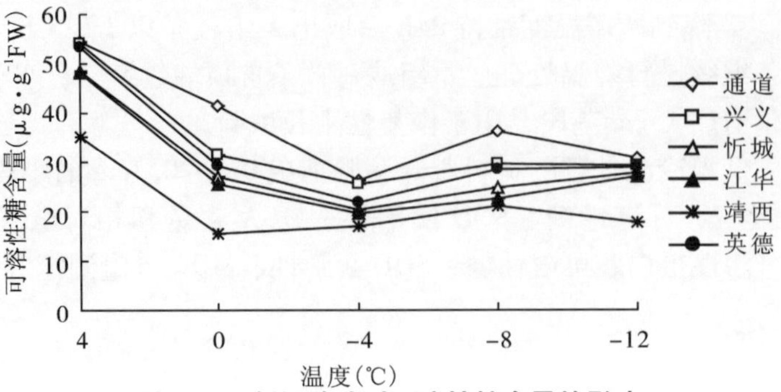

图 3.11 低温胁迫对可溶性糖含量的影响

Figure 3.11 Effect of cold-hardening on the contents of soluble carbohydrate in one-year shoots of *Z. insignis*

3.2.3 超氧化物歧化酶活性

低温胁迫下各种源翅荚木幼苗超氧化物歧化酶(SOD)活性的变化结果，如图 3.12 所示。

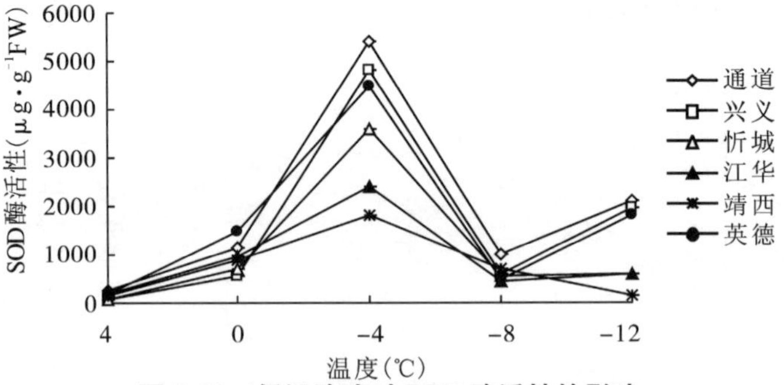

图 3.12 低温胁迫对 SOD 酶活性的影响

Figure 3.12 Effect of cold-hardening on the activities of SOD in one-year shoots of *Z. insignis*

低温胁迫下翅荚木枝条中 SOD 活性总体从 4～－4℃迅速增大，即－4℃时各种源的 SOD 酶活性均达到最高值。此后迅速降低，但在－8℃时各种源之间开始出现明显差异，通道、兴义、英德种源 SOD 酶活性上升，忻城、江华种源 SOD 酶活性变化不大，而靖西种源 SOD 酶活性下降。在降温过程中，SOD 酶活性表现出上升趋势。这是翅荚木对低温伤害开始的防御反应，由此减缓伤害的速度，表明 SOD 酶在环境胁迫下对翅荚木的保护功能。虽然各个种源的 SOD 酶活性在整个降温过程中波动很大，但是总的来讲，SOD 酶的活性是稍有提高的。因为即使在－8℃处理时酶活性已经大幅下降，各种源的活性仍比 4℃时高 262.5～737.5 个酶活力单位。其中通道种源的酶活力增加最大为 737.5 个酶活力单位，这充分说明了 SOD 酶活性与翅荚木抗寒性密切相关。

3.2.4 丙二醛含量

丙二醛(MDA)是膜脂质过氧化的产物之一，其含量的多少是膜脂质过氧化作用强弱的一个重要指标，而且 MDA 在低温胁迫下能进一步损伤生物膜。由图 3.13 可见，在低温胁迫过程中 MDA 含量呈“M”形变化。这一结果与何开跃(2002)、黄月华(2005)等对低温胁迫中福建柏(*Fokienia hodginsii*)苗和桉树的 MDA 含量的影响类似。在胁迫初期翅荚木体内 MDA 含量升高，但在－4℃时 MDA 含量又大幅下降，原因是－4℃时 SOD 酶活性的大幅升高，从而清除了大量的超氧阴离子自由基，降低了膜质过氧化作用，所以 MDA 含量下降。温度降至 -8℃，MDA 含量又有所增加，这说明低温抑制了 SOD 酶的活性，使活性氧自由基不能有效地清除，而过剩的活性氧又进一步破坏了生物膜，增加了 MDA 的含量，加剧膜脂质过氧化作用影响翅荚木枝条的抗寒力。

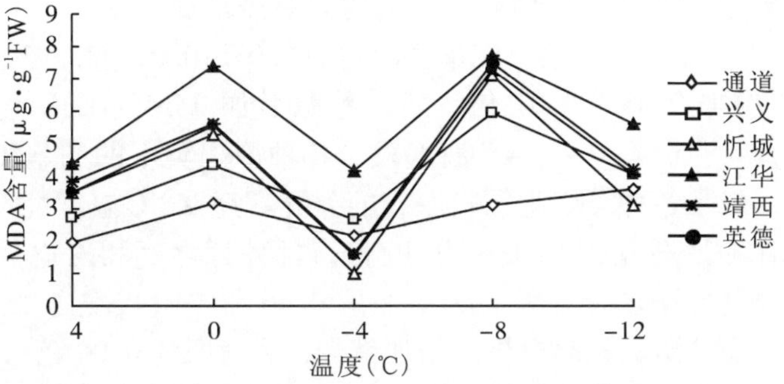

图 3.13 低温胁迫对 MDA 含量的影响

Figure 3.13 Effect of cold-hardening on the contents of MDA in one-year shoots of *Z. insignis*

低温胁迫过程中翅荚木体内的 MDA 含量变化表明，低温使膜脂发生过氧化作用，细胞膜受损，胁迫越深，细胞膜脂过氧化作用越强，致使细胞膜受损程度越大。

3.2.5 相对电导率

电导率是物体传导电流的能力。当植物受到逆境影响时，细胞膜遭到破坏，膜透性增大，从而使细胞内的电解质外渗，以致植物细胞浸提液的电导率增大。膜透性增大的程度与逆境胁迫强度有关，也与植物抗逆性的强弱有关。这样，比较不同作物或同一作物不同品种在相同胁迫温度下膜透性的增大程度，即可比较作物间或品种间的抗逆性强弱，因此，电导法目前已成为作物抗性栽培、育种上鉴定植物抗逆性强弱的一个精确而实用的方法。

研究采用 ENOVI&HANNA 公司 EC200 型电导仪测定翅荚木枝条的相对电导率(relative electric conductivity，REC)。方法是取低温处理后的枝条小段 2g，放入 25mL 三角瓶，准确加入 20 mL 无离子水，浸没样品，真空抽气 8~9min，在 25℃下恒温水浴 2h，测定待测液的电导率 C_1；后用保鲜膜将三角瓶封口，置于 100℃恒温水浴锅中沸水浴 30min，取出后重置于 25℃水浴，平衡后，测定沸后电导率 C_2，按公式(3.12)计算相对电导率(王晶英等，2003)。结果如图 3.14 所示。

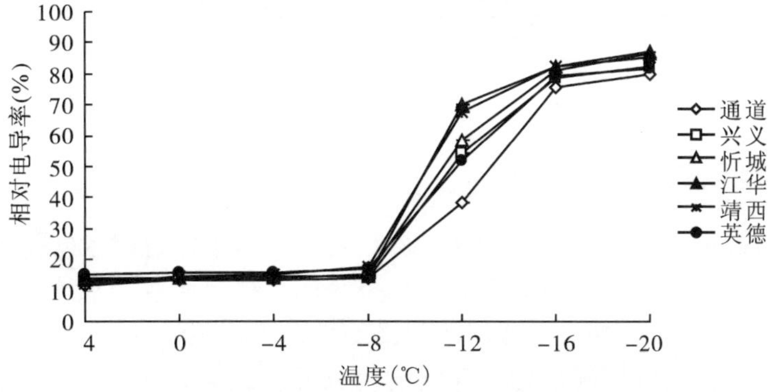

图 3.14 低温胁迫过程中 6 个种源翅荚木的相对电导率的变化

Figure 3.14 REC change in shoots of six *Z. insignis* provenances during low-temperature treatment

$$\text{REC}(\%) = (C_1/C_2) \times 100\% \tag{3.12}$$

研究发现，翅荚木苗木经一系列低温处理后，相对电导率变化趋势基本一致，均随着温度的下降呈“S”形曲线上升趋势。

表3.1列出了不同冷冻处理下电导率的方差分析结果。从表中可以看出：0～-4℃低温处理后细胞脂膜电导率上升幅度均较小，平均比对照增加0.01～0.23倍。其中，忻城种源相对电导率增加0.01～0.03倍，江华种源增加0.03～0.07倍，英德种源增加0.04～0.07倍，兴义种源增加0.05～0.07倍，通道种源增加0.14～0.18倍，靖西种源增加0.21～0.23倍，由此可见，在0～-4℃温度段，各种源翅荚木的细胞质膜电导率的差异不大，可能反映的仅仅是各种源细胞质膜原有的差异。经-8℃温度处理后，各种源细胞质膜的相对电导率比对照相增加0.09～0.46倍，且种源之间相对电导率存在差异。其中，靖西种源的相对电导率增加显著，为对照的0.46倍，且极显著的大于忻城、江华、通道、兴义种源。江华种源的相对电导率增加最少，为对照的0.09倍。因此在-8℃，各种源翅荚木的细胞质膜电导率虽有差异，但是差异与种源的抗寒性仍没有相关性。说明，-8℃各种源翅荚木的细胞质膜电导率反映的仍是各种源细胞质膜的原有差异。经-12℃处理后，各种源翅荚木细胞质膜相对电导率急剧增加，分别比对照增加2.31～4.48倍。除通道种源外所有种源的相对电导率达到了50%以上，说明-12℃低温对翅荚木苗木细胞质膜产生了严重的伤害，致使细胞内的生命活动受到扰乱和破坏，直至死亡。多重比较表明：-12℃处理后不同种源之间的电导率存在极显著差异，通道种源的相对电导率为38.30%，极显著小于其他种源。表明-12℃低温处理对通道种源翅荚木细胞质膜的影响极显著小于其他种源，通道种源翅荚木苗木的抗寒性较强。

表3.1 低温处理对不同翅荚木种源细胞脂膜相对电导率的影响

Table 3.1 Effect of REC in shoots different *Z. insignis* after low temperature treatment

处理温度（℃）	各种源相对电导率（%）						F值	P值
	广西靖西	广西忻城	广东英德	湖南江华	湖南通道	贵州兴义		
CK	12.30 cdBC	13.76 abAB	15.04 aA	13.52 bcAB	11.58 dC	12.53 bcdBC	7.762	0.0018
0	14.83 abAB	13.95 bAB	15.78 aA	13.99 abAB	13.26 bB	13.18 bB	2.913	0.0599
-4	15.15 abAB	14.22 bcAB	16.08 aA	14.34 bcAB	13.63 cB	13.37 cB	4.938	0.0110
-8	17.90 aA	15.12 bB	17.20 aA	14.78 bB	14.08 bB	14.26 bB	17.021	0.0001
-12	67.41 aA	58.35 bB	51.96 cC	69.95 aA	38.30 dD	54.03 cC	137.218	0.0001

注：P值表示检验结果的显著水平（$0.01 \leq P < 0.05$）。LSD法多重比较结果以字母标记表示，小写字母标记0.05显著水平，大写字母标记0.01极显著水平。

3.2.6 苗木恢复生长

芽是植物对低温最敏感的部位，用芽受冻后是否存活来评价树木的伤害程度是最直接和有效的方法。将各低温梯度冷冻处理后的枝条水插，在组培室中水培。培养条件为，温度25±2℃，光照14h/黑暗10h，光强3000～3500Lx。经一个月左右的时间，未受冻的枝条萌芽展叶，记录萌芽展叶情况，计算存活的百分数。结果表明，经过低温冷冻处理后，各苗木枝条均受到不同程度的伤害，随着处理温度的降低，枝条发芽率逐渐降低（表3.2）。

表 3.2 低温处理对翅荚木不同种源苗木恢复生长的影响

Table 3.2 Effect on seedling growth of different *Z. insignis* prouences after low temperature treatment

种源	CK		0℃		-4℃		-8℃		-12℃	
	SR(%)	*RSR*(%)	*SR*(%)	*RSR*(%)	*SR*(%)	*RSR*(%)	*SR*(%)	*RSR*(%)	*SR*(%)	*RSR*(%)
广西靖西	50.00	100	46.94	93.88	44.00	88.00	32.73	65.45	0	0
广西忻城	40.68	100	38.00	93.42	32.56	80.04	30.19	74.21	0	0
广东英德	39.39	100	37.04	94.02	36.84	93.52	29.03	73.70	0	0
湖南江华	35.09	100	34.85	99.32	33.82	96.40	25.86	73.71	0	0
湖南通道	40.00	100	38.10	95.24	37.25	93.14	36.96	92.39	0	0
湖南兴义	51.85	100	51.28	98.90	45.71	88.16	38.89	75.00	0	0
平均	42.84	100	41.03	95.79	38.37	89.88	32.28	75.74	0	0

注：*SR* 为各处理的芽萌发率，*RSR* 为相对发芽率，即各处理的芽萌发率与对照处理 CK 的芽萌发率的比例。

从表 3.2 可以看出，0～ -4℃对各种源苗木枝条发芽率的影响较小，0℃处理的平均发芽率为对照的 95.79%，-4℃处理的平均发芽率为对照的 89.88%，各种源之间差异不大。经 -8 ℃处理后，大部分种源的发芽率明显下降，各种源间差异较大，其中靖西种源发芽率最小，只有对照的 65.45%；通道种源的发芽率最高，达对照的 92.39%，比其他种源高 16.65% ~ 27.94%，说明 -8℃低温处理对通道种源的影响小于其他种源。经 -12℃低温处理后的各个种源枝条全部没有萌发，说明 -12℃将对翅荚木苗木造生严重冻害，直至死亡。这与实验室分析的翅荚木各种源半致死温度在 -13.06～ -10.76℃之间基本一致。实验表明，低温处理对各种源枝条发芽率的影响不同，以 -8℃处理时种源间差异最大。按 -8℃冷冻处理后芽是否存活来评价翅荚木种源抗低温胁迫能力大小，从大到小排序如下：通道种源、兴义种源、忻城种源、江华种源、英德种源、靖西种源。

3.3 翅荚木叶片结构特征与抗寒性

植物对温度胁迫的抗性是自然选择的结果。在形态结构方面的发生适应性变化，是一种相对稳定的遗传特性。有关植物叶片的组织结构与抗寒性之间的关系已经在其他许多林木上有过研究。这些研究大部分显示叶片细胞结构紧密度(cell tense ratio，*CTR*)和疏松度(spongy ratio，*SR*)、气孔密度等与植株的抗寒性有一定的关系(谢庭味等，1989；韩善华等，1992；钟广炎等，1994)，但也有少数研究认为没有明显的相关性(刘世彪等，2004)。

翅荚木不同种源的叶片表皮细胞形态特征基本相似，叶片的横切面基本结构也是基本一致的。但是，方差分析表明，不同种源的叶片厚度、栅栏组织厚度、海绵组织厚度、气孔长度、气孔密度、下表皮毛密度和下表皮毛长度存在极显著差异；*CTR*、*SR* 和下表皮层厚度有显著差异；上表皮层厚度差异不显著(表 3.3)。

从表 3.3 可以看出，广东英德种源叶片大而厚达 101.93μm，相应的栅栏组织、海绵组织也比较厚，气孔也比较大长，可达 24.30μm，表皮毛也比较长，达 73.09μm，但其 *CTR*、*SR* 值一般，表皮毛密度小，为 109.89 根 · mm^{-2}。湖南通道种源叶片较小而薄，平均叶片厚度为79.98μm，只有其他种源叶片厚的78.47%~95.25 %，但其*CTR*值大，达0.3782，是所有种源中最大的；*SR*值小，只有0.4136，是所有种源中最小的。说明通道种源叶片栅栏组织所占的比例较大，叶片结构紧密。同时，从表3.3中还可以看出，湖南通道种源的表皮毛密度也比较大。相关分析表明：试验观测的叶片主要解剖结构指标与种源的冻害指数、冻害率的相关系数均没有达到显著水平。

表3.3　不同种源翅荚木叶片主要解剖结构特征

Table 3.3　Main feature of leaf anatomic structures different *Z. insignis* provenances

解剖结构	广西靖西	广西忻城	广东英德	湖南江华	湖南通道	贵州兴义	*F*值	*P*值
叶片厚度(μm)	83.98dCD	89.94cBC	101.93aA	87.16cC	79.98dD	82.23dCD	24.783	0.0001
上表皮厚度(μm)	9.99aA	8.34aA	10.69aA	8.25aA	9.47aA	8.12aA	1.237	0.3347
栅栏组织厚度(μm)	28.71bC	33.89abAB	37.14aA	34.17abAB	30.17bcB	31.36Bb	12.215	0.0001
海绵组织厚度(μm)	36.64cBC	41.26bAB	44.88abA	37.34cB	33.20cC	34.08cC	17.015	0.0001
下表皮厚度(μm)	8.64abAB	6.45cB	9.22aA	7.40bAB	7.15bcAB	8.67abAB	3.705	0.0256
细胞结构紧密度	0.3427bA	0.3774aA	0.3649abA	0.3517bA	0.3782aA	0.3812aA	2.432	0.0900
细胞结构疏松度	0.4354bcAB	0.4579abAB	0.4402bcAB	0.4284bB	0.4136cB	0.4145cB	4.370	0.0141
气孔长度(μm)	15.65cC	17.77cC	24.30aAB	19.18bB	21.46bB	20.34bB	29.114	0.0001
气孔密度(个·mm^{-2})	961.40aA	604.30cC	820.21bB	758.36bcBC	823.44bB	812.13bB	84.499	0.0001
下表皮毛密度(根·mm^{-2})	176.34aA	149.35bB	109.89cC	163.74aA	167.74aA	158.19aA	72.203	0.0001
下表皮毛长度(μm)	73.07aA	47.61bB	73.09aA	43.19bB	47.98bB	75.37aA	14.024	0.0001

注：*P*值表示检验结果的显著水平($0.01 \leq P < 0.05$)。*LSD*法多重比较结果以字母标记表示，小写字母标记5%显著水平，大写字母标记1%极显著水平。

植物对温度胁迫的抗性是自然选择的结果，在形态结构方面发生的适应性变化是一种相对稳定的遗传特性。这在苹果属(*Malus*)(黄以江等，1982)、柑橘属(*Citrus*)(简令成，1986)、白花泡桐(*Paulownia fortuneii*)(苏金乐等，1993)、白刺花(*Sophora davidii*)(李芳兰等，2006)等植物上已经得到证实。垂周壁形态、表皮毛长短和密度等常作为植物抗寒特性的特征。陈清西等(1992)认为食用蕉叶表皮所具的波浪状垂周壁，是其抗旱抗寒能力较强的表现。但翅荚木不同种源的垂周壁均呈“U”形、“V”形起伏，不同种源间没有明显差异。一般认为，表皮毛长而多是旱生植物叶的特点之一，这有助于反射阳光、防止水分蒸发，也有助于提高植物的抗寒能力。然而，虽然翅荚木不同种源的表皮毛长短和密度有所不同，但是与抗寒性并没有显著的相关性。

*CTR*和*SR*在多种林木上被用于指示抗寒性的强弱，一般*CTR*大小与抗寒性呈正相关，SR与抗寒性呈负相关。研究表明，通道种源翅荚木的*CTR*值显著大于其他种源，SR值显著小于其他种源，可以说明其抗寒性比较强，这与田间试验湖南通道种源抗寒性明显强于其他种源的抗寒性相吻合。说明翅荚木不同种源的*CTR*大小与抗寒性呈正相关，*SR*与抗寒性呈负相关。这与简令成(1986)、吴国良等(1998)、黄以江等(1982)和吴林等(2005)在其他林木上的研究结果也相一致。*CTR*值和*SR*值可作为鉴定翅荚不同种源抗寒性的形态解剖指标。

3.4　翅荚木半致死和过冷点温度

3.4.1　组织半致死温度

低温导致植物细胞膜选择透性改变或丧失，细胞内物质大量外渗，组织浸泡液电导率增高。随着胁迫的加重和时间的延长，植物膜结构受到不可逆的严重破坏，最终导致植物的死亡(高琼，2005)。电导率的变化反映出质膜伤害程度和所测材料抗寒性的大小。从Dexter等(1930)使用电导法测定植物抗性以来，这种方法得到了不断完善和发展；Sukumatan等(1972)提出了电解质透出率达50%时为半致死温度(LT_{50})的观点；Rajashe-kar(1979)利用Logistic曲线描述低温对植物细胞膜的伤害过程，提出曲线拐点为LT_{50}的观点，从而进一步发展了LT_{50}的概念。这种用Logistic曲线方程$Y=K/(1+ae^{-bt})$确定植物半致死温度的方法在我国得到了广泛的认同(王洪春，1984；朱根海等，1985)。表3.4列出了翅荚木不同种源的相对电导率与处理温度的Logistic曲线方程，以及各个种源苗木主干组织的半致死温度。

我们按缴丽莉等(2006)的方法，按种源将不同温度处理下的平均相对电导率与处理温度的关系拟合成Logistic方程式(3.13)。设定K值为100，求该方程的二阶导数并令其为零，按式(3.14)则可获得曲线拐点(t，50)，此时t即为拐点温度，与半致死温度(LT_{50})相一致。不同种源的苗木半致死温度测定结果如表3.4。

$$Y=K/(1+a\mathrm{e}^{-bt}) \tag{3.13}$$

$$LT_{50}(℃)=(\ln a)/b \tag{3.14}$$

式中：Y——低温处理下的相对电导率(%)；

t——处理温度(℃)；

K、a、b——参数。

表3.4　翅荚木冷冻温度—相对电导率回归模型及半致死温度

Table 3.4　Logistic equation of low temperature and electrolytic leakage of six *Z. insignis* provenances

种　源	Logistic 方程	相关系数(R^2)	半致死温度(℃)
广西靖西	$Y=100/(1+9.7191\ \mathrm{e}^{0.2113t})$	0.9388	−10.76
广西忻城	$Y=100/(1+11.4849\ \mathrm{e}^{0.2162t})$	0.9409	−11.29
广东英德	$Y=100/(1+9.2361\ \mathrm{e}^{0.1893t})$	0.9381	−11.74
湖南江华	$Y=100/(1+11.1159\ \mathrm{e}^{0.2237t})$	0.9299	−10.77
湖南通道	$Y=100/(1+11.9730\ \mathrm{e}^{0.1901t})$	0.9333	−13.06
贵州兴义	$Y=100/(1+11.7841\ \mathrm{e}^{0.2044t})$	0.9378	−12.07

从表3.4可以看出，各个种源苗木的半致死温度在−13.06～−10.76℃。其中通道种源最低，比其他种源低0.99～2.30℃，其次为兴义、英德、忻城、江华，以靖西种源最高。组织的半致死温度与植物的抗寒性密切相关，以此可以判定6个翅荚木种源的抗低温胁迫能力从大到小排序为：通道种源、兴义种源、忻城种源、江华种源、英德种源、靖西种源。

3.4.2 过冷点温度

过冷是指温度降到某种溶液的冰点以下时水仍然不结冰的现象，通过组织水分的过冷来避寒，是许多植物抵御低温逆境的一个重要机理(Quamme H. A，1974)。过冷点温度可以利用其植物水分在低温下结成冰晶伴随放热现象进行测定，差热分析(differential thermal analysis，DTA)是其中常用的方法之一。采用DTA法测定时，经过低温锻炼的抗寒木本植物在连续降温过程中可见到有多次散热。近20年来，国外陆续有通过低温散热现象(low temperature exotherm，LTE)分析检测黑莓(Warmund M. R et al.，1990)、杏(Ashworth E. N et al.，1981)、葡萄、苹果、桃、梨、柿(Kang S. K et al.，1998)等林木抗寒性的试验报道，已经形成了通过计算机差异热分析系统检测、记录、分析这种超低温放热进而评定植物组织抗寒性的一种试验技术。国内由于试验条件的限制，仅见采用自制的DTA实验装置测定了杨树茎干(余观夏等，2006)、油茶花芽超冷现象的报导。

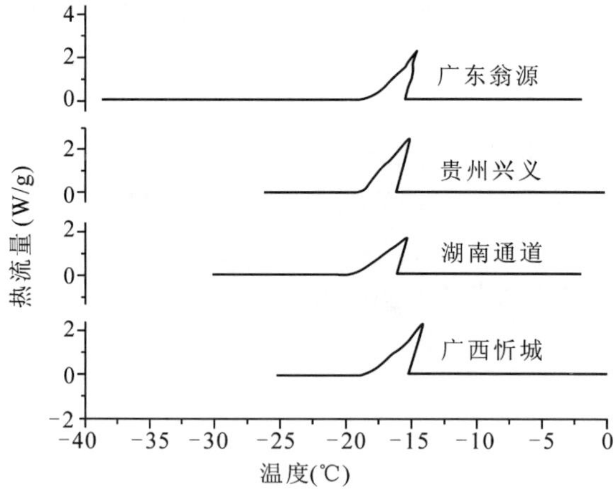

图3.15 翅荚木叶片组织DSC热流曲线

Figure 3.15 DSC curves of leaves of *Z. insignis*

差示扫描量热法(differential dcanning calorimetry，DSC)是在程序控制温度下，测量输给样品和参比物之间的热量差与温度关系的一种技术(陈镜泓等，1985)。Q-10型差示扫描量热仪(TA仪器公司，USA)可测量的温度范围为-90~550℃，准确度为0.1℃，可应用于测定样品在被加热、冷却或恒温时吸收或放出的能量。因此，根据植物细胞液在低温下结成冰晶伴随的放热现象，利用差示扫描量热仪可以准确地测量出植物细胞的结晶温度，也就是过冷点温度。

表3.5 翅荚木不同种源过冷点温度的差异

Table 3.5 Comparison of treatment temperature between different *Z. insignis* provenances

种源	均值(℃)	5%显著差异	1%极显著差异
湖南通道	-15.04	a	A
贵州兴义	-14.62	ab	A
广西忻城	-14.29	ab	A
广东翁源	-13.70	b	A

我们采用DSC测定低温诱导后的叶片组织在从4℃到-40℃降温过程中的低温放热现象。每种源取低温诱导后植株5株，分别取中部叶片上的小叶1张洗净擦干，重叠后用0.4cm的打孔器取出小圆片，放入DSC Q10 V8.1型差示热量扫描仪测量铝皿内，以空铝皿为参比物，以1 ℃·min^{-1}速度降温，测定其热流曲线。在低温下出现放热峰(图3.15)，出现放热峰时的温度即

为过冷点温度。对不同种源的过冷点温度采用最小显著性差异法(*LSD*)进行比较分析表明，不同种源间存在显著差异(表3.5)。从表3.5中可以看出，湖南通道种源叶片组织的过冷点为-15.04 ℃，低于其他种源0.42~1.34 ℃，差异达到显著水平。一般认为植物组织的过冷点越低，植物抗寒性越强。因此，湖南通道种源比其他种源具有较强的抗寒性。这4个种源抗低温胁迫能力从大到小依次为：湖南通道种源、贵州兴义种源、广西忻城种源、广东翁源种源。

利用差示扫描量热扫描仪(DSC)测量植物组织细胞的过冷点温度，具有实验方便，灵敏度高等特点。但由于DSC可测量的样品量非常微小，一般不超过20mg，因此试验采样是否具有代表性是试验成功与否的关键。

3.5 翅荚木抗寒性的综合评价

3.5.1 抗寒指标相关性分析

环境胁迫对植物体的影响是多方面的，但最终体现在植物的生长和发育上(徐文铎等，1993)。芽是植物对低温最敏感的部位。经过冷冻处理后，各种源枝条均受到不同程度的伤害。随着处理温度的降低，枝条发芽率逐渐降低。经-8 ℃低温处理后，大部分种源的发芽率明显下降，且种源间差异较大，经-12 ℃低温处理后的各个种源枝条全部没有萌发，说明-12 ℃将对翅荚木苗木造成严重冻害，直至死亡。因此，研究以-8 ℃低温处理后的各种源枝条相对萌芽率作为翅荚木抗寒性的衡量指标。

表3.6 翅荚木各种源生理生化、叶片结构和生长形态指标值

Table 3.6 Indicators of physiological-biochemical, leaf structure and growth morphology of *Z. insignis*

指标	湖南通道	湖南江华	贵州兴义	广西忻城	广西靖西	广东英德
相对发芽率(%)	92.39	73.71	75.00	74.21	65.45	73.70
可溶性蛋白($\mu g \cdot g^{-1}$)	22.60	17.34	21.36	17.72	16.78	18.02
可溶性糖($\mu g \cdot g^{-1}$)	36.38	22.42	29.56	24.67	21.25	28.55
SOD($U \cdot g^{-1}$)	1000	450	600	550	700	500
MDA($\mu mol \cdot g^{-1}$)	3.14	7.72	5.94	7.12	7.48	7.27
半致死温度(℃)	-13.06	-10.77	-12.07	-11.29	-10.76	-11.74
相对电导率(100%)	14.08	14.78	14.26	15.12	17.90	17.20
叶片厚度(μm)	79.98	87.16	82.23	89.94	83.87	101.93
CTR	0.3782	0.3517	0.3812	0.3774	0.3427	0.3649
SR	0.4136	0.4284	0.4145	0.4579	0.4341	0.4402
气孔大小(μm)	21.46	19.18	20.34	17.77	15.89	24.30
气孔密度(个$\cdot mm^{-2}$)	823.44	758.36	812.13	604.30	967.41	820.21
表皮毛长度(μm)	47.98	43.19	75.37	47.61	73.12	73.09
表皮毛数量(根$\cdot mm^{-2}$)	167.74	163.74	158.19	149.35	178.35	109.89
种子千粒重(g)	40.40	41.70	61.80	46.90	48.40	42.20
羽叶小叶数(张)	30.13	29.10	31.23	29.33	30.80	29.85
小叶面积(cm^{-2})	13.13	13.22	11.65	13.30	11.38	13.56
一年生苗高(cm)	288.21	300.65	275.29	311.89	314.26	288.61
一年生苗地径(cm)	1.83	2.03	1.74	1.96	2.01	2.01
一年生苗生物量(kg)	0.3951	0.4183	0.3704	0.4371	0.3983	0.4938

应用相关分析法，计算各种源经 -8 ℃低温处理后的生理指标(可溶性蛋白、可溶性糖、SOD、MDA 含量和相对电导率、半致死温度)、叶片解剖性状指标(叶片厚度、*CTR*、*SR*、气孔大小和密度、表皮毛长度和数量)、生长形态指标(千粒重、小叶数、小叶面积、苗高、地径、生物量)(表 3.6)与相对萌芽率的相关性，结果如表 3.7。

表 3.7　翅荚木生理生化指标、叶片结构结构、生长形态指标与抗寒性状的相关性

Table 3.7　Relation between physiological-biochemical, leaf structure and growth morphology of *Z. insignis* and cold resistance

指标	生理生化指标					
	可溶性蛋白	可溶性糖	SOD	MDA	半致死温度	相对电导率
相对萌芽率	0.83 *	0.90 * *	0.7	-0.92 * *	-0.88 * *	-0.69

指标	叶片解剖结构						
	叶片厚度	叶片紧密度	叶片疏松度	气孔大小	气孔密度	表皮毛长度	表皮毛数量
相对萌芽率	-0.33	0.63	-0.49	0.48	-0.19	-0.47	0.05

指标	生长形态指标					
	种子千粒重	羽叶小叶数	小叶面积	一年生苗高	一年生苗地径	一年生苗生物量
相对萌芽率	-0.18	-0.02	-0.01	-0.16	-0.53	-0.55

注：* 表示显著相关($P<0.05$)；* * 表示极显著相关($P<0.01$)。

从表 3.7 可以看出，翅荚木种源的可溶性糖含量、MDA 含量、枝条的半致死温度与抗寒性极显著相关，可溶性蛋白含量与抗寒性显著相关。叶片解剖结构指标中与抗寒性相关最大的是叶片紧密度，生长形态指标与抗寒性相关最大的是生物量。

表 3.8　翅荚木抗寒性指标的特征根及相应的贡献率

Table 3.8　Eigenvalue and contribution rate of cold resistance of *Z. insignis*

主成分	特征向量		
	特征根	贡献率(%)	累计贡献率(%)
1	4.8598	80.9968	81.00
2	0.6983	11.6381	92.63
3	0.3120	5.2003	97.84
4	0.1011	1.6842	99.52
5	0.0288	0.4805	100.00

表 3.9　翅荚木抗寒性指标的负荷量和权重

Table 3.9　Capacity and weight of cold resistance of *Z. insignis*

指标	负荷量	权重
可溶性蛋白	0.9717	0.1809
可溶性糖	0.9680	0.1803
MDA	-0.9102	0.1695
LT_{50}	-0.9743	0.1814
CTR	0.8286	0.1543
生物量	-0.7172	0.1336

3.5.2　抗寒综合评价体系的建立

(1)抗寒指标的选取。根据相关性分析的结果，取显著相关的可溶性糖含量、MDA 含量、枝条的半致死温度、可溶性蛋白含量作为生理生化指标，相关性最好的 *CTR* 值作为叶片解剖结构指标，生物量作为生长形态指标建立翅荚木种源抗寒性的评价体系。这 6 个指标中，可溶性蛋白质具有强亲水性，其含量的增加可显著加强细胞的保水力，提高细胞内的束缚水含量和原生质弹性，降低冰点，防止细胞内结冰，提高植物组织的抗寒性，而低温下可溶性糖含量常常与可溶性蛋白密切相关，它们可作为鉴定植物抗寒性的指标。MDA 是膜脂过氧化作用的最终产物，也是衡量膜系统受害的重要指标之一，电导率的变化反映出质膜伤害程度和所测材料抗寒性的大小，电解质透出率达 50% 时的半致死温度能够更加准确地反映植物的抗寒性。植物叶片的 *CTR* 值与抗寒性密切相关，在许多植物上已经得到证明。

(2)抗寒指标权重的确定。由于单一指标评价植物抗寒性存在片面性，多个指标进行综合评价才较为可靠。但不同指标之间的关系复杂，并且不同指标的重要性也不相同，因此需要进行主成分分析，结果如表 3.8。

从表 3.8 可以看出，第一主成分的贡献率达到了 81.00%，可以代表原变量的信息。因此，以第一主成分分析各指标的负荷量，计算各指标对翅荚木抗寒性的作用大小，确定权重 W_i，结果见表 3.9。

从表 3.9 可以看出，对翅荚木抗寒性影响最大的指标是根据电解质透出率达 50% 得出的半致死温度，以下依次是可溶性蛋白含量、可溶性糖含量、MDA 含量、叶片结构紧密度和生物量。

3.5.3 种源抗寒性的综合评价

(1)抗寒指标的隶属度。由于各指标的性质、单位和数量不同，因此，需要对这些指标进行标准数量化。各指标变化具有连续性质，故采用连续性质的隶属度函数，并根据主成分因子负荷量的正负性，确定隶属度函数的升降性。MDA、LT_{50}、生物量采用降型分布函数：

$$f(x_i) = (x_{i\max} - x_{ij})/(x_{i\max} - x_{i\min})$$

可溶性蛋白、可溶性糖和 *CTR* 采用升型分布函数：

$$f(x_i) = (x_{ij} - x_{i\min})/(x_{i\max} - x_{i\min})$$

其中 $f(x_i)$ 表示各指标的隶属度值，x_{ij} 表示各指标值，$x_{i\max}$ 和 $x_{i\min}$ 分别表示第 i 项指标的最大值和最小值。各种源相关指标的隶属度值见表 3.10。

表 3.10 翅荚木各种源抗寒指标的隶属度值

Table 3.10 Subordination value of cold resistance indicator of different *Z. insignis* provenances

指标	湖南通道	湖南江华	贵州兴义	广西忻城	广西靖西	广东英德
可溶性蛋白	1	0.0951	0.7867	0.1614	0	0.2133
可溶性糖	1	0.0769	0.5487	0.2256	0	0.4820
MDA	1	0	0.3881	0.1314	0.0523	0.0983
LT_{50}	1	0.0043	0.5696	0.2304	0	0.4261
CTR	0.9219	0.2318	1	0.9010	0	0.5755
生物量	0.7998	0.6118	1	0.4595	0.7739	0

(2)种源抗寒综合指数值。根据加乘法则：$I = W_i \times f(x_i)$。W_i 为抗寒性指标的权重向量；$f(x_i)$ 为各指标的隶属度值，对各指标进行合成，计算各种源的抗寒性综合指数 I。结果如表 3.11。

表 3.11 翅荚木各种源抗寒性综合指数

Table 3.11 Integrated index of cold resistance of different *Z. insignis* provenances

指标	湖南通道	湖南江华	贵州兴义	广西忻城	广西靖西	广东英德
可溶性蛋白	0.1809	0.0172	0.1424	0.0292	0	0.0386
可溶性糖	0.1803	0.0139	0.0989	0.0407	0	0.0869
MDA	0.1695	0	0.0658	0.0223	0.0089	0.0167
LT_{50}	0.1814	0.0008	0.1033	0.0418	0	0.0773
CTR	0.1423	0.0358	0.1543	0.1390	0	0.0888
生物量	0.1068	0.0817	0.1336	0.0614	0.1034	0
综合指数	0.9612	0.1493	0.6983	0.3344	0.1122	0.3083

根据综合指数的大小，从表 3.10 可知翅荚木不同种源的抗低温胁迫能力从强到弱依次为：湖南通道种源、贵州兴义种源、广西忻城种源、广东英德种源、湖南江华种源、广西靖西种源。

（3）种源抗寒性聚类分析。把各种源的抗寒综合指数值用类平均法进行聚类分析，可将其划分为 3 类：湖南通道和贵州兴义种源为Ⅰ类，为抗寒性较好；广西忻城和广东英德种源为Ⅱ类，抗寒性一般；湖南江华和广西靖西种源为Ⅲ类，抗寒性较差（图 3.16）。

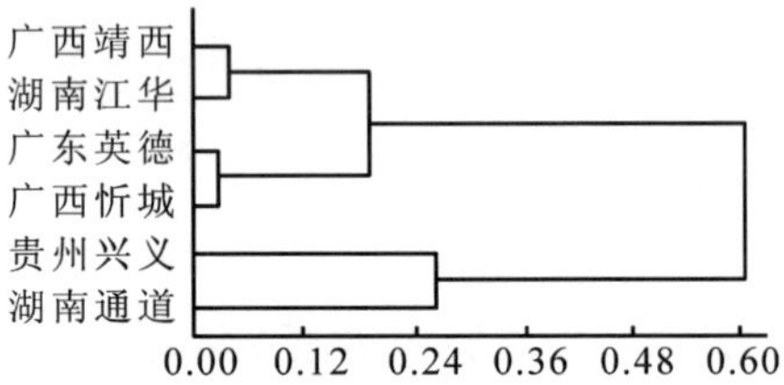

图 3.16 不同抗寒性的翅荚木种源聚类图

Figure3 16 Cluster of *Z. insignis* provenance with different cold resistance capacity

植物体是一个统一的有机体，如果使用性质相同或相互关联的指标来综合评价其抗寒性可能会使结果造成偏差。研究通过相关性分析确定衡量翅荚木单项抗寒能力大小的指标，用主成分分析法将原来个数较多且彼此关系错综复杂的指标转换成综合的主成分，并根据主成分的各指标的负荷量，计算各指标对抗寒性作用的大小，确定权重，再运用隶属函数法进行综合评价，使结果更加可靠。但是，影响植物抗寒性的因素较多，其抗寒机理错综复杂。目前，国外测定木本植物抗寒性有全株冰冻测试法（Tanaka Y et al.，1997）、电解质渗出率法（Deans J. D et al.，1995）、叶绿素荧光法（Maxwell K et al.，2000）、热分析法（Kang S. K et al.，1998）等方法，国内在形态结构、膜脂的成分及蛋白质、抗寒生理生化、抗寒基因等方面的研究已经取得显著进展（马英姿等，2005）。具体评定翅荚木种源抗寒性时，还应多方面综合考虑，同时结合田间观察，才能为全面评价其抗寒能力提供可靠的依据。

第4章　翅荚木地理种源遗传变异

种源是指在同一树种分布区中，一批种子或苗木的来源或原产地(种群)。种源试验历史悠久，是最早受重视的育种措施之一。通过种源试验，可以研究林木种群的遗传变异和环境变异的关系，阐明种群的变异模式。种源试验对了解树木种内的地理变异规律，为各造林地区提供生产力高、适应性强的种源，为种子区划以及进一步提供繁殖材料等都有重要意义。

近年来，翅荚木作为速生和抗逆性强的多功能造林树种已越来越引起人们的重视，其应用前景广阔，遗传改良与良种繁育工作已日益迫切。种源试验作为遗传改良的基础，是翅荚木良种化进程的首要任务。开展翅荚木种源苗期试验，研究不同地理种源苗期生长性状及其对环境的适应性差异，是探索翅荚木早期性状遗传改良，确定早期选择指标的理论基础，有利于为树种遗传改良策略的制定、树种种源区的划分和材料的早期筛选提供参考依据。

4.1　翅荚木种源研究概况

最早的林木种源试验始于1745年的法国欧洲松种源，由于试验内容和设计方法等方面的问题，当时还不能提供科学的结论。19世纪末，国际林业研究组织联盟(IUFRO)制定了国际种源试验计划，设立种源研究专门委员会，1908年第一次按田间试验设计要求组织了欧洲赤松种源试验，随后各国的种源试验逐渐地开展起来，并出现国际化合作的种源研究。据统计，现在所有从事人工林经营的国家，都展开了树木种源的研究，其树种已超过100个，包括了世界各地的主要造林树种。

我国林木种源试验研究始于20世纪50年代中期。我国已开展了马尾松(*Pinus massoniana*)等几十个树种全分布区或主要分布区的种源试验，基本掌握了各树种的地理变异规律，选择出了大量的优良种源。从一些树种的引种情况来看(唐季林等，1989；李晓储等，1990；赖天碧等，1991；姜成英等，2004；廖声熙等，2004)，不同种源的抗寒性有一定的差异，可通过种源选择提高林木的抗寒性。

种源试验今后仍是林木种质的一种主要改良方法。对种源变异规律的探讨，田间试验设计的改良、种子区调拨的划分、优良种源的选择及推广是目前种源研究的核心内容。翅荚木作为我国特有的珍稀树种，它的许多优良特性20世纪70年代后才逐步被认识。翅荚木的种源试验研究几乎是空白，只有陈明亮等(1997)在引种同时结合2~3个种源抗寒性的对比试验。

为了进一步探索翅荚木地理种源变异规律，我们从2005开展了种源试验。根据试验要求，委托各种源地相关部门的科技人员采集种子。由于翅荚木种子结果存在大小年现象，种子采集比较困难。通常一个大年二个小年，小年时几乎不结果。至2005年底共采集了翅荚木主要分布区的广西靖西、平果、忻城、桂林，广东英德、翁源，湖南江华、通道，贵州兴义等地的9个种源，基本代表了翅荚木的分布情况。种子收集后在室内常温下密闭贮藏。其中，2005年春播种育苗的有广西靖西、平果、忻城、桂林，广东翁源、湖南通道等6个种源，2006年春全部种源进行了播种育苗。各种源的地理分布和地理气候因子详见图4.1和表4.1。

图4.1　翅荚木种源试验种源分布示意图

Figure 4.1　Distribution of *Z. insignis* provenances

表4.1　翅荚木种源地理位置和气候因子

Table 4.1　Geographical position and climatic factors of *Z. insignis* provenances

种源	地理坐标		海拔	年均气温	最低气温	高最气温	≥10℃积温	无霜期	年降水量
	°N	°E	(m)	(℃)	(℃)	(℃)	(℃)	(d)	(mm)
广西靖西	22.59	106.08	931	19.3	-2.2	38	6860	330	1631
广西平果	23.32	107.57	112	18.6	-0.2	38	6230	340	1167
广西忻城	24.06	108.66	185	20.5	-5.8	39.4	5500	300	1400
广西桂林	25.30	110.31	169	18.9	-4.90	38.5	5900	309	1515
广东英德	24.17	113.38	537	20.8	-3.6	38.6	7576	353	1875
广东翁源	24.80	113.59	408	20.1	-4.3	41.0	6592	306	1676
湖南江华	24.38	112.25	642	16.2	-5.0	39.0	5539	308	1700
湖南通道	26.16	109.77	397	16.3	-5.80	36.2	5256	280	1480
贵州兴义	25.10	104.91	1250	16.1	-4.9	31.3	4550	300	1480

4.2　翅荚木种源种子和苗期性状差异

4.2.1　种子形态及萌芽率的差异

树木的种子形态指标是树木的一种较稳定的性状，是树木分类及遗传研究的重要指标。对翅荚木种子形态性状的产地间方差分析表明：翅荚木种子的形态指标、高度、宽度及种子千粒重存在极显著的产地差异(表4.2)。从各产地的表现看，产于贵州的种子较大，湖南和和广东北部的种子较小，其中贵州兴义的种子高度、宽度及种子千粒重显著大于其他地区的种子。贵州兴义的种子高 0.66cm，是其他种子的 1.12～1.32 倍；种子宽 0.60cm，是其他种子 1.07～1.18 倍；种子千粒重 61.8g，是其他种子的 1.25～1.73 倍。而最小的是广东翁源的种子，其千粒重 35.8g。

表 4.2 不同种源翅荚木种子形态特征的差异

Table 4.2 Differences in configuration of different *Z. insignis* provenances

种源	种子高(cm)	种子宽(cm)	千粒重(g)	苗圃出苗率(%)
广西靖西	0.54 dCDE	0.54 cdeBC	48.4bcB	33.37eE
广西平果	0.59 bB	0.54 bcdBC	49.6bB	28.67fE
广西忻城	0.57 bcBC	0.56 bcB	46.9cB	33.49eE
广西桂林	0.52 deDE	0.53 defCD	40.4dC	70.47aAB
广东英德	0.57 bcBC	0.56 bB	42.2dC	15.69gF
广东翁源	0.54 cdCD	0.52 efCD	35.8eD	73.90aA
湖南江华	0.51 eE	0.52 efCD	41.7dC	42.76dD
湖南通道	0.50 eE	0.51 fD	40.4dC	66.07bB
贵州兴义	0.66 aA	0.60 aA	61.8aA	50.90cC
F 值	27.3980	11.6950	185.6440	205.5320
P 值	0.0001	0.0001	0.0001	0.0001

注：*P* 值表示检验结果的显著水平($0.01 < P < 0.05$)。*LSD* 法多重比较结果以字母标记表示，小写字母标记 5% 显著水平，大写字母标记 1% 极显著水平。

翅荚木种子 2006 年 4 月中旬在浙江省丽水市莲都区播种育苗。丽水位于 119.68°E，28.30°N，属中亚热带山地暖湿季风气候，历年均温 18.1℃，极端最高温 41.5℃，极端低温 −7.7℃，≥10℃ 年积温 5727℃，无霜期 237d，年降水量 1379mm。丽水试验地海拔 71m，为砂壤质水稻土，较肥沃。试验表明，不同种源的场圃出苗率也存在极显著差异。其中广东翁源的种子出苗率达 73.90%，是其他种子的 1.05～4.71 倍。广东英德的种子出苗率最低，只有 15.69%。由于种子发芽受气候的影响较大，不同年份的差异可能较大。

4.2.2 苗期叶片形态差异

叶片是植物重要的营养器官。光合作用和蒸腾作用是植物叶片的主要生理功能。光合作用是绿色组织通过叶绿体色素和有关酶类活动，利用太阳光能，把二氧化碳和水合成有机物，并将光能转变为化学能而贮存起来，同时释放氧气的过程。蒸腾作用是水分以气体状态从植物体内散失到大气中的过程，它是植物根吸收水和矿质元素的动力，并有调节叶温的作用。叶片的形态结构与生态环境密切相关。植物为了适应环境，不同种群形成的叶片形态特征是有差异的。表 4.3 列出了 2006 年春在浙江省丽水市莲都区播种的不同种源翅荚木苗期叶片形态的差异。

表 4.3 不同种源翅荚木苗期叶片形态差异

Table 4.3 Differences in leaf configuration of different *Z. insignis* provenances

种　源	羽叶长(cm)	小叶数	小叶长度(cm)	小叶宽度(cm)	小叶面积(cm^2)
广西靖西	34.90 bAB	30.80 abA	6.36 cB	2.29 dC	11.38 dC
广西平果	36.98 aA	30.80 abA	6.89 abAB	2.50 abcABC	13.85 abABC
广西忻城	35.58 abAB	29.33 bA	6.70 abcAB	2.54 bcABC	13.30 bcABC
广西桂林	35.80 abAB	29.25 bA	7.22 aA	2.77 aA	15.36 aA
广东英德	35.47 abAB	29.85 abA	6.60 bcAB	2.53 bcABC	13.56 abcABC
广东翁源	35.25 abAB	29.30 bA	7.23 aA	2.59 abcABC	14.25 abAB
湖南江华	34.15 bB	29.10 bA	6.73 abcAB	2.55 abcABC	13.22 bcdABC
湖南通道	36.19 abAB	30.13 abA	6.57 bcAB	2.64 abAB	13.13 bcdABC
贵州兴义	35.08 abAB	31.23 aA	6.28 cB	2.37 cdBC	11.65 cdBC
F 值	1.297	1.675	3.808	3.346	3.41
P 值	0.2916	0.1564	0.0051	0.0103	0.0093

注：*P* 值表示检验结果的显著水平($0.01 < P < 0.05$)。*LSD* 法多重比较结果以字母标记表示，小写字母标记 5% 显著水平，大写字母标记 1% 极显著水平。

从表 4.3 可以看出，翅荚木叶片羽叶平均长度 34.15～36.98cm；小叶数量 29～31 枚，不同种源间没有显著差异。翅荚木小叶长 6.28～7.23cm，宽 2.29～2.77cm，面积 11.38～15.36cm，不同种源间存在极显著差异。因此，小叶的大小是区分种源的重要特征。从广西的 4 个种源来看，从西南到东北小叶叶片有从小到大的趋势。

4.2.3 苗期生长量差异

生长量的大小体现了林木速生性，探讨苗期种源生长量变异程度、特点以及地理变异上的趋势，有利于为树种遗传改良策略的制定、树种种源区的划分和材料的早期筛选提供参考依据。苗高和地径是苗木生长量的直接表现，苗木的质量反映了苗木吸收、同化养分能力的大小，是衡量苗木生产力高低的重要指标之一。2006 年在浙江省丽水市莲都区播种育苗的不同种源翅荚木苗期生长量的差异如表 4.4。

表 4.4 不同种源翅荚木苗期生长量的差异(浙江)

Table 4.4 Production volume differences in seedling stage of different *Z. insignis* provenances(Zhejiang)

种　源	苗高(cm)	地径(cm)	全株鲜重(kg)	茎鲜重(kg)	根鲜重(kg)
广西靖西	314.26 aA	2.01 abA	0.3983 aA	0.2996 abA	0.0988 abA
广西平果	307.44 aA	1.70 bA	0.4605 aA	0.3462 bA	0.1143 abA
广西忻城	311.89 aA	1.96 abA	0.4371 aA	0.3179 abA	0.1192 abA
广西桂林	294.22 aA	1.84 abA	0.3408 aA	0.2550 abA	0.0858 bA
广东英德	288.61 aA	2.01 abA	0.4938 aA	0.3675 aA	0.1263 aA
广东翁源	299.65 aA	1.89 abA	0.4046 aA	0.2954 abA	0.1092 abA
湖南江华	300.65 aA	2.03 aA	0.4183 aA	0.3054 abA	0.1129 abA
湖南通道	288.21 aA	1.83 abA	0.3951 aA	0.2792 abA	0.1159 abA
贵州兴义	275.29 aA	1.74 abA	0.3704 aA	0.2650 bA	0.1054 abA
F 值	0.6600	1.2540	0.9670	1.0120	0.8580
P 值	0.7209	0.3121	0.4661	0.4321	0.5548

注：*P* 值表示检验结果的显著水平($0.01 < P < 0.05$)。*LSD* 法多重比较结果以字母标记表示，小写字母标记 5% 显著水平，大写字母标记 1% 极显著水平。

从表4.4中可以看出，在浙江省丽水市莲都区播种育苗，翅荚木一年生苗木苗高275.29～314.26cm，最高的是广西靖西种源，最低的是贵州兴义种源；地径1.70～2.03cm，最大的湖南江华的种源，最小的是贵州兴义的种源；苗木单株鲜重0.3408～0.4938kg，最大的是广东英德种源，最小的广西桂林种源；地上部分茎单株鲜重0.2550～0.3675kg，最大的广东英德种源，最小的是广西桂林种源；地下部分根单株鲜重0.0858～0.1263kg，最大的广东英德种源，最小的是广西桂林种源。

植物不同的种群由于地理和生殖上长期隔离，在形态、生理和遗传特性上往往有一定的特异性，如应叶青等(2004)对10个喜树种源在浙江进行种源试验，发现苗高、地径、各器官生物量及叶片喜树碱含量、单株叶片喜树碱含量等都存在显著或极显著的差异；何贵平等(2003)对26个南酸枣种源种子在浙江余杭进行了苗期试验，结果表明苗高、地径、发芽率和发芽株数4个苗期性状在种源间均存在极显著差异；贺超英等(2002)进行的19个桤木产地的种子种源试验结果表明，种子性状(千粒质量、发芽率)、苗木生长性状(高径生长、分枝数、根茎比)、固N性状(根瘤量、固N酶活力、叶N量)和抗冻性等均存在显著或极显著的差异。同样，翅荚木不同种源的叶片大小也存在极显著差异，但是不同种源间的生长量并没有极显著差异，这与翅荚木分布相对集中有关。然而，翅荚木抗寒性却存在极显著差异的，也就是说抗寒力的差异大于生长性状的差异，这与贺超英等(2002)认为的桤木抗冻性状变异量和遗传力大于生长性状相一致。因此，抗寒性等特异性状的选择应该成为翅荚木种源选择的重要内容，单株选择是速生良种选育的关键。

4.2.4 苗期性状相关性

植物的性状与其遗传特性有关，性状间存在一定相关性。研究对翅荚木种源苗期性状间的相关性进行了分析，结果如表4.5。

表4.5 翅荚木种源苗期性状间的相关系数

Table 4.5 Correlation coefficient among seedling characters of *Z. insignis* provenances

性状	种子高	种子宽	千粒重	羽叶长	小叶数	小叶长	小叶宽	小叶面积	苗高	地径	茎鲜重
种子宽	0.92**										
千粒重	0.85**	0.84**									
羽叶长	0.11	-0.09	0.00								
小叶数	-0.41	-0.54	-0.68*	0.26							
小叶长度	-0.55	-0.54	-0.68*	0.30	0.76*						
小叶宽度	0.64*	0.53	0.79**	0.27	-0.66*	-0.72*					
小叶面积	-0.40	-0.47	-0.67*	0.38	0.92**	0.90**	-0.68*				
苗高	-0.34	-0.37	-0.25	0.04	0.21	-0.16	-0.21	0.03			
地径	-0.47	-0.21	-0.43	-0.68*	-0.12	-0.1	-0.52	-0.13	0.37		
茎鲜重	0.12	0.07	-0.10	0.21	-0.07	-0.21	0.01	0.02	0.33	0.28	
根鲜重	0.13	0.1	-0.06	0.11	-0.27	-0.13	-0.04	-0.14	-0.02	0.21	0.75*

注：**表示极显著相关($P<0.01$)，*表示显著相关($P<0.05$)。

从表4.5可以看出，翅荚木苗期叶片性状与种子性状相关较为密切。种子高与种子宽、千粒重之间呈极显著的正相关($R=0.92$，$P<0.01$；$R=0.85$，$P<0.01$)，与小叶宽度存在显著的正相关($R=0.64$，$P<0.05$)；种子千粒重与小叶的数量和长度存在显著的负相关($R=-0.68$，$P<0.05$；$R=-0.68$，$P<0.05$)，与小叶宽度呈极显著正相关($R=$

0.79，$P<0.01$)；小叶的数量与长度呈显著正相关($R=0.76$，$P<0.05$)，与小叶宽度存在显著负相关($R=-0.66$，$P<0.05$)，与小叶面积呈极显著正相关($R=0.92$，$P<0.01$)；小叶长度与宽度呈显著负相关($R=-0.72$，$P<0.05$)，与小叶面积呈极显著正相关($R=0.90$，$P<0.01$)；小叶宽度与面积呈显著负相关($R=-0.68$，$P<0.05$)。翅荚木苗木生长性状与种子、叶片性状相关不密切，生长性状间茎鲜重与根鲜重呈显著正相关。

4.3 翅荚木种源苗期生长模型及生长参数的差异

4.3.1 苗木生长节律

翅荚木4月上旬在浙江省丽水市莲都区播种后，4月中下旬为出苗期，5月上旬小苗可以移植。以广西靖西、广东翁源、湖南通道和贵州兴义4个种源生长为例，5月翅荚木小苗移植后开始生长，6月份生长加速，7~8月为苗木的速生期。径生长高峰期稍早于高生长高峰期。7~8月地径生长量占全年的47.38%~51.90%，平均占49.27%；7~8月高生长量占全年的62.82%~69.06%，平均占65.30%(图4.2~4.3、表4.6)。7~8月高生长量占全年的62.82%~69.06%，此时在我国南方为高温季节，有些年份还可能出现干旱，因此造林后应加强中耕除草，抗旱保墒，促进速生期的生长，发挥翅荚木的生长潜力。

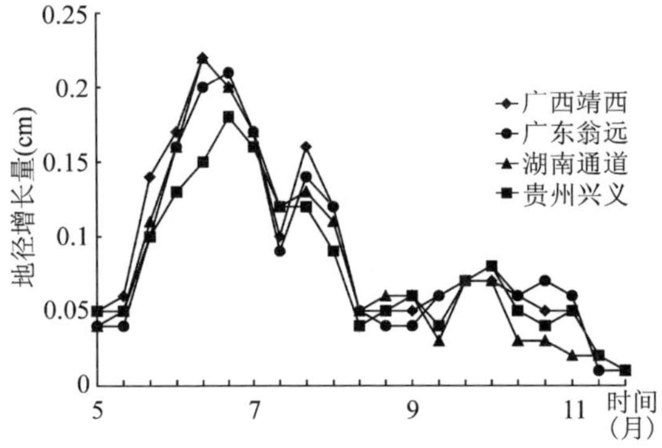

图4.2 翅荚木不同种源苗期地径生长动态

Figure 4.2 Diameter growth curves in seedling stage of *Z. insignis* provenances

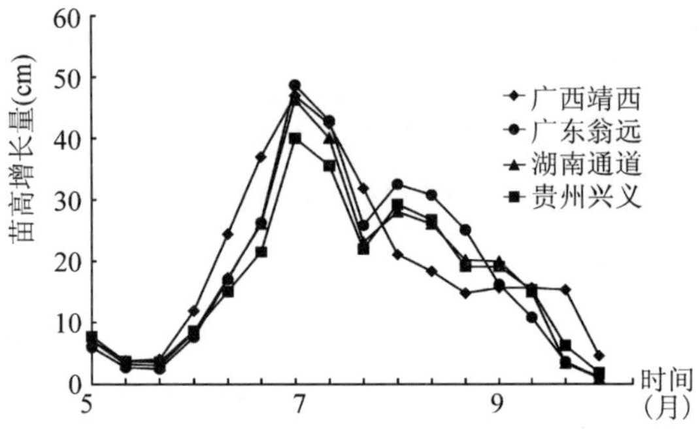

图4.3 翅荚木不同种源苗期高生长动态

Figure 4.3 Height growth curves in seedling stage of *Z. insignis* provenances

4.3.2 苗木生长模型

翅荚木苗期生长与其他林木一样，是一个受空间约束的过程。翅荚木幼苗一年的生长过程中生长速率同样表现"慢—快—慢"的特点，即开始生长缓慢，以后逐渐加快，近于线性生长，达到一定界限之后，生长速度又趋于缓慢，直至停止生长。由于"S"形生长曲线具有这一特点，在杨树(陈瑞荣等，2004)、桉树(周元满等，2004)、木荷(张萍等，2006)等林木生长动态和变化规律研究中得到了广泛的应用，而"S"形增长特征的生长模型通常可以用Logistic数学模型拟合(李秋元等，1993)。根据Logistic数学模型的特点，翅荚木苗高和地径生长过程可表示为式(4.1)：

$$y=\frac{k}{1+e^{a-bt}} \qquad (4.1)$$

式中：Y——苗木累积生长量；

表 4.6 不同种源翅荚木苗期生长节律

Table 4.6 Growth patterns of *Z. insignis* provenances

种源	生长量 (cm)	苗木生长天数(d)																					
		20	30	40	50	60	70	80	90	100	110	120	130	140	150	160	170	180	190	200	210	220	230
广西靖西	地径	0.07	0.12	0.18	0.32	0.49	0.71	0.91	1.08	1.18	1.34	1.46	1.51	1.56	1.61	1.67	1.74	1.81	1.87	1.92	1.97	1.99	2.00
	苗高	6.96	10.73	14.80	26.70	51.14	88.11	135.01	177.38	209.19	230.25	248.57	263.30	278.86	294.46	309.69	314.26	314.26	314.26	314.26	314.26	314.26	314.26
广西平果	地径	0.07	0.11	0.15	0.26	0.41	0.59	0.82	1.01	1.13	1.25	1.35	1.41	1.44	1.47	1.51	1.55	1.59	1.61	1.65	1.70	1.78	1.83
	苗高	6.75	9.83	12.60	22.02	39.91	66.27	114.50	156.89	182.29	213.73	241.94	261.01	278.89	294.25	304.40	307.44	307.44	307.44	307.44	307.44	307.44	307.44
广西忻城	地径	0.08	0.12	0.17	0.30	0.46	0.66	0.86	1.03	1.16	1.25	1.34	1.43	1.50	1.56	1.61	1.69	1.77	1.82	1.86	1.89	1.93	1.95
	苗高	7.70	11.78	16.08	26.43	46.73	77.00	123.56	164.44	190.71	220.97	250.07	275.45	293.28	305.83	310.48	311.87	311.87	311.87	311.87	311.89	311.89	311.89
广西桂林	地径	0.07	0.10	0.14	0.26	0.41	0.61	0.81	0.97	1.08	1.21	1.31	1.38	1.42	1.46	1.49	1.56	1.64	1.68	1.73	1.79	1.82	1.84
	苗高	6.04	8.84	11.43	19.67	36.37	61.50	108.11	150.09	177.05	208.93	239.99	267.89	281.29	289.28	293.08	294.22	294.22	294.22	294.22	294.22	294.22	294.22
广东英德	地径	0.07	0.10	0.12	0.22	0.35	0.54	0.77	0.98	1.14	1.28	1.41	1.52	1.56	1.60	1.68	1.77	1.87	1.91	1.97	2.01	2.02	2.02
	苗高	3.88	6.13	8.70	16.40	30.85	52.04	96.25	137.54	165.83	197.27	227.78	255.32	272.98	284.55	287.67	288.61	288.61	288.61	288.61	288.61	288.61	288.61
广东翁源	地径	0.07	0.11	0.15	0.25	0.41	0.61	0.82	0.99	1.08	1.22	1.34	1.39	1.43	1.47	1.53	1.60	1.68	1.74	1.81	1.87	1.88	1.89
	苗高	6.00	8.77	11.32	19.00	35.98	62.24	110.86	153.75	179.65	212.14	242.91	267.95	284.10	294.94	298.56	299.65	299.65	299.65	299.65	299.65	299.65	299.65
湖南江华	地径	0.08	0.12	0.16	0.29	0.45	0.66	0.89	1.08	1.20	1.33	1.44	1.51	1.56	1.63	1.70	1.78	1.85	1.89	1.93	1.97	2.01	2.03
	苗高	5.96	9.02	12.15	22.10	42.17	72.38	119.14	159.00	182.31	212.40	240.55	262.42	282.01	296.33	299.65	300.65	300.65	300.65	300.65	300.65	300.65	300.65
湖南通道	地径	0.07	0.11	0.16	0.27	0.43	0.65	0.85	1.02	1.14	1.27	1.38	1.43	1.49	1.55	1.58	1.65	1.72	1.75	1.78	1.80	1.82	1.83
	苗高	7.08	10.38	13.45	21.89	39.13	65.16	111.42	151.44	174.55	202.57	228.63	248.81	268.82	283.82	287.20	288.21	288.21	288.21	288.21	288.21	288.21	288.21
贵州兴义	地径	0.08	0.13	0.18	0.28	0.41	0.56	0.74	0.90	1.02	1.14	1.23	1.27	1.32	1.38	1.42	1.49	1.57	1.62	1.66	1.71	1.73	1.74
	苗高	7.76	11.48	15.03	23.65	38.70	60.17	100.16	135.76	157.82	187.02	213.74	232.85	251.98	267.23	273.43	275.29	275.29	275.29	275.29	275.29	275.29	275.29

k——苗木生长极限；

t——生长天数；

a、b——待定系数。

试验分种源将生长量与生长日期数据进行Logistic拟合，采用麦夸特法进行参数估计，经显著性检验以确定其相关系数，并建立翅荚木苗期生长曲线模型，结果如表4.7。

表4.7 翅荚木不同种源苗期生长曲线模型

Table 4.7 Model for seedling growth of *Z. insignis* provenances

种源	径生长		高生长	
	曲线模型	R	曲线模型	R
广西靖西	$H=1.9167/[1+EXP(3.1687-0.035750t)]$	0.9933	$D=312.5888/[1+EXP(4.4677-0.050540t)]$	0.9976
广西平果	$H=1.6623/[1+EXP(3.5588-0.042061t)]$	0.9929	$D=308.4041/[1+EXP(4.8178-0.051843t)]$	0.9989
广西忻城	$H=1.8769/[1+EXP(3.0963-0.033953t)]$	0.9935	$D=313.9963/[1+EXP(4.7390-0.052117t)]$	0.9991
广西桂林	$H=1.7363/[1+EXP(3.2546-0.036365t)]$	0.9923	$D=296.0190/[1+EXP(5.2287-0.056808t)]$	0.9992
广东英德	$H=1.9622/[1+EXP(3.5604-0.037195t)]$	0.9946	$D=290.6102/[1+EXP(5.3696-0.056732t)]$	0.9992
广东翁源	$H=1.8056/[1+EXP(3.1914-0.034731t)]$	0.9914	$D=301.2575/[1+EXP(5.1844-0.056226t)]$	0.9991
湖南江华	$H=1.9393/[1+EXP(3.2632-0.036088t)]$	0.9939	$D=302.3995/[1+EXP(4.8275-0.052886t)]$	0.9988
湖南通道	$H=1.7626/[1+EXP(3.4153-0.039412t)]$	0.9954	$D=289.9424/[1+EXP(4.8225-0.052519t)]$	0.9988
贵州兴义	$H=1.6779/[1+EXP(3.0596-0.033348t)]$	0.9939	$D=277.8396/[1+EXP(4.6779-0.049796t)]$	0.9992

从表4.7中可以看出：各种源的Logistic拟合方程的相关系数在0.9914～0.9992之间，均达到了极显著相关，说明利用Logistic方程拟合翅荚木的生长节律是可行的。因此，基于Logistic拟合方程获得的线性生长始期、线性生长终期、线性生长期等物候参数和最大生长速率、线性生长速率、线性生长量等生长参数可作为翅荚木种源选择的主要指标。Logistic方程参数K作为苗木极限生长量，可作为苗期年生长量的选择和培育指标。图4.4列出了4个不同地点特征种源的生长曲线模型。

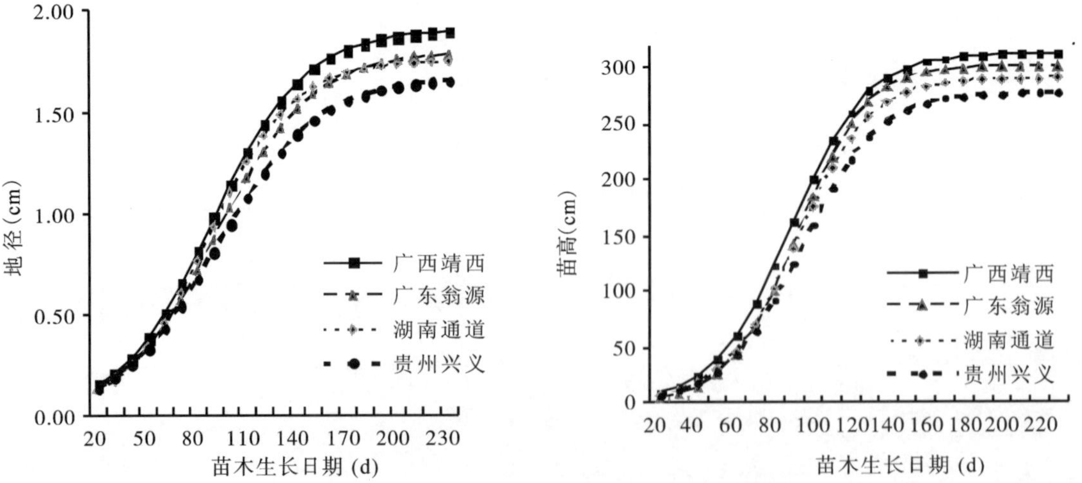

图4.4 翅荚木不同种源苗期地径苗高生长拟合曲线

Figure 4.4 Pattern of basal diameter and seedling height growth of *Z. insignis* provenances

4.3.3　苗期物候和生长参数的差异

将公式(4.1)求导，翅荚木苗木苗高和地径的生长速度则可表示为公式(4.2)：

$$v = \frac{dy}{dt} by\left(1 - \frac{y}{k}\right) \tag{4.2}$$

对公式(4.1)求二阶导数，则求得“S”形生长曲线上的拐点为(t_0，Y_0)，又称速生点，其中：$t_0 = a/b$，$Y_0 = k/2$。此时，苗木连日生长量最大，苗木生长速率为最大线性生长速率(MGR)。

$$MGR = v_{\max} = \frac{1}{4} bk$$

对公式(4.1)求三阶导数，则求得苗木生长变化速度曲线的两个拐点(t_1，Y_1)和(t_2，Y_2)，其中，$t_{1,2} = t_0 \mu \ln(2 + \sqrt{3})/b$，$Y_{1,2} = (3\mu\sqrt{3})k/6$。曲线左拐点($t_1$，$Y_1$)是苗木由萌动到速生的分界点，$t_1$为苗木线性生长始期；曲线的右拐点($t_2$，$Y_2$)是由速生到缓慢增长的分界点，$t_2$是苗木线性生长终期。$t_2 - t_1$为苗木的线性生长期($LGD$)；$t_1$、$t_2$间苗木平均生长速度为线性生长速度($LGR$)。$t_1$到$t_2$苗木生长量为线性生长量($TLG$)。经计算可得：

$$LGD = \frac{2\ln(2 + \sqrt{3})}{b},\ LGR = \frac{2}{9} bk,\ TLG = \frac{k}{\sqrt{3}}$$

根据各种源生长曲线求得的苗木高、地径生长期物候参数和生长参数如表 4.8～4.9。

表 4.8　不同种源翅荚木苗期径生长物候期参数和生长参数

Table 4.8　Phonological period and parameters of diameter growth of Z. insignis provenances

种源	径生长物候期参数			径生长参数		
	线性生长始期 (t_1)(d)	线性生长终期 (t_2)(d)	线性生长期 (LGD)(d)	最大生长速率 (MGR)(cm·d^{-1})	线性生长速率 (LGR)(cm·d^{-1})	线性生长量 (TLG)(cm)
广西靖西	51.8695	125.6487	73.7792	0.0171	0.0152	1.1066
广西平果	53.2504	115.8137	62.5633	0.0175	0.0156	0.9597
广西忻城	52.3336	129.8017	77.4681	0.0160	0.0142	1.0836
广西桂林	53.2319	125.5922	72.3603	0.0158	0.0140	1.0025
广东英德	60.3076	131.1118	70.8042	0.0182	0.0162	1.1329
广东翁源	54.0185	129.9239	75.9054	0.0157	0.0139	1.0425
湖南江华	53.9125	126.8742	72.9617	0.0175	0.0156	1.1197
湖南通道	53.2574	120.1081	66.8507	0.0174	0.0154	1.0176
贵州兴义	52.3316	131.4282	79.0966	0.0140	0.0124	0.9687

表 4.9　不同种源翅荚木苗期高生长物候期参数和生长参数

Table 4.9　Phonological period and parameters of height growth of *Z. insignis* from different provenances

种源	径生长物候期参数			径生长参数		
	线性生长始期 (t_1)(d)	线性生长终期 (t_2)(d)	线性生长期 (LGD)(d)	最大生长速率 (MGR)(cm·d^{-1})	线性生长速率 (LGR)(cm·d^{-1})	线性生长量 (TLG)(cm)
广西靖西	62.3909	114.5477	52.1567	3.9464	3.5079	180.4732
广西平果	67.5838	118.4316	50.8478	3.9938	3.5501	178.0572

（续）

种源	径生长物候期参数			径生长参数		
	线性生长始期 (t_1)(d)	线性生长终期 (t_2)(d)	线性生长期 (*LGD*)(d)	最大生长速率 (*MGR*)(cm·d^{-1})	线性生长速率 (*LGR*)(cm·d^{-1})	线性生长量 (*TLG*)(cm)
广西忻城	65.6822	116.2372	50.5550	4.0898	3.6354	181.2858
广西桂林	68.8687	115.2405	46.3718	4.2035	3.7364	170.9066
广东英德	71.4752	117.9287	46.4535	4.1194	3.6617	167.7839
广东翁源	68.8157	115.6825	46.8668	4.2327	3.7624	173.9311
湖南江华	66.3744	116.1743	49.7999	3.9985	3.5542	174.5904
湖南通道	66.7468	116.8975	50.1507	3.8069	3.3839	167.3983
贵州兴义	67.4888	120.3787	52.8899	3.4591	3.0748	160.4108

从表4.8可以看出，9个种源的地径物候期参数和生长参数存在明显差异。地径线性生长始期最早的是广西靖西种源，为52d，在6月下旬，最迟的是广东英德种源，为60d，在7月上旬，除广东英德种源外，其他种源差异不大；地径线性生长终期最早的是广西平果种源，为116d，在8月下旬，最晚的是贵州兴义种源，在131d，在9月中旬；地径线性生长期最短的是广西平果种源，只有63d，最长的是贵州兴义种源，达79d；地径最大线性生长速率最大的是广东英德种源，达0.0182 cm·d^{-1}，最小的是贵州兴义种源，只有0.0140cm·d^{-1}；地径线性生长速率最大的是广东英德种源，为0.0162cm·d^{-1}，最小的是贵州兴义种源，只有0.0124 cm·d^{-1}，地径线性生长量最大的是广东英德种源，为1.1329cm，最小的是广西平果种源，只有0.9597cm。地径物候期参数和生长参数与地径生长量的相关性分析表明，地径生长量与线性生长量极显著正相关($R=0.98$，$P<0.01$)，而与其他参数相关不显著；线性生长期与线性生长终期极显著正相关($R=0.88$，$P<0.01$)，而与线性生长始期相关性不显著。因此，调节苗木速生期的营养物质和水分供应，是控制苗木径生长的关键。

从表4.9可以看出，9个种源的苗高物候期参数和生长参数也存在明显差异。苗高线性生长始期最早的是广西靖西种源，为62d，在7月上旬，最迟的是广东英德种源，为71d，在7月中旬，各种源的苗高线性始生长期差异较大，均比地径迟5~10d；苗高线性生长终期最早的是广西靖西种源，为115d，在8月下旬，最晚的是贵州兴义种源，在120d，在9月上旬，各种源差异不大；苗高线性生长期最短的是广西桂林种源，只有46d，最长的是贵州兴义种源，达52d；苗高最大线性生长速率最大的是广东翁源种源，达4.2327cm·d^{-1}，最小的是贵州兴义种源，只有3.4591cm·d^{-1}；苗高线性生长速率最大的是广东翁源种源，为3.7624 cm·d^{-1}，最小的是贵州兴义种源，只有3.0748 cm·d^{-1}，苗高线性生长量最大的是湖南江华种源，为174.5904cm，最小的是贵州兴义种源，只有160.4108cm。苗高物候期参数和生长参数与苗高生长量的相关性分析表明，苗高生长量与线性生长量极显著正相关($R=1.00$，$P<0.01$)，与线性生长终期显著负相关($R=-0.65$，$P<0.05$)，而与其他参数相关不显著。苗木地径线性生长量对苗木的高度起决定的作用，速生期的管理是翅荚木收获高生物量的关键。

由此可见，不同种源的翅荚木苗高、地径生长在线性生长前期、线性生长期和线性生长后期具有明显的阶段性。虽然线性生长期持续时间占整个生长期的比率较小，但线性生长期内生长量占总生长量的比率却较大，因此，应加强苗木在线性生长期内的管理，通过水、肥等调节来控制苗木质量。由于林木引种栽培存在显著的基因型与环境交互作用，不同栽培地点苗木生长参数的种源变异规律会有所差异，在利用翅荚木不同种源物候和生长参数时要考虑到环境条件的影响。

4.4 翅荚木种源苗期抗寒性差异

4.4.1 翅荚木寒害评价标准

参照中华人民共和国国家标准《林木引种》(GB/T14175 －93)和陈亮明等(1997)的翅荚木受寒害等级划分标准，根据翅荚木苗木受冻后出现的寒害症状，制订了相应的等级标准，如表4.10。

表4.10 翅荚木苗木不同等级寒害症状

Table 4.10 Symptoms of different cold damage of nursery stock of *Z. insignis*

寒害等级	寒害症状
Ⅰ	顶梢挺拔或有轻度萎蔫，能恢复正常生长，无寒害或基本无寒害
Ⅱ	地上部分冻枯不足1/2
Ⅲ	地上部分冻枯达1/2以上，但未全部冻枯
Ⅳ	地上部分全部冻枯，但根部未冻枯，能萌芽
Ⅴ	全株寒害致死，不能萌芽

调查时，在育苗当年夏天按小区选定样方，第二年春季气温回升趋于稳定时逐株观察寒害等级，分小区登记不同等级的株数，按式(4.3)先求得抗寒力指标，然后按表4.11查对抗寒力指标及其等级，鉴定该种源的抗寒力等级。

$$\text{抗寒力指标} = (1X_1 + 2X_2 + 3X_3 + 4X_4 + 5X_5)/\sum X \quad (4.3)$$

式中：X_i——i受害等级的株数；

$\sum X$——观察总株数。

表4.11 翅荚木苗木抗寒力等级标准

Table 4.11 Grade standard of cold resistance of nursery stock of *Z. insignis*

指标	1.00~1.50	1.51~2.50	2.51~3.50	3.51~4.50	4.51~5.00
等级	Ⅰ	Ⅱ	Ⅲ	Ⅳ	Ⅴ

4.4.2 不同低温下苗木受害情况

翅荚木在浙江省丽水市莲都区育苗，不同年份由于冬季低温的程度不同，造成苗木的受害情况不同。

2005年春种子播种育苗后，前期生长良好，12月份遇连续低温，最低气温达－6.1℃，大部分种源苗木寒害严重。不同种源苗木的寒害率为4.83%~97.52%，平均达到71.95%。受冻苗木整株枯死，第二年不能萌发新梢。2006年春种子播种育苗后，当年平均气温较常年偏高，苗木在圃期间遇到的极端低温为 -4.3℃，所有种源苗木没有发生寒害。2007 年春种子播种育苗后，年内生长正常，2008 年 1～2 月遭遇极端的低温阴雨雪冰冻天气，出现冻雨，苗木遭遇极端低温为 -5.4℃，苗木发生寒害。不同种源的寒害率为 3.33%～100.00%，平均为 24.91%。但所有受冻苗木根部没有枯死，第二年可以萌发新梢。各年度不同种源翅荚木苗木的寒害情况如表 4.12。

表 4.12 2005～2007 年不同种源翅荚木苗木寒害率

Table 4.12 Cold damage rate of nursery stock of different *Z. insignisi* provenances from 2005 to 2007

种　源	2005 年	2006 年	2007 年	种　源	2005 年	2006 年	2007 年
广西桂林	91.84%	0.00%	15.91%	广东翁源	97.52%	0.00%	29.90%
广西靖西	-	0.00%	10.22%	湖南江华	-	0.00%	8.71%
广西平果	91.94%	0.00%	100.00%	湖南通道	4.83%	0.00%	5.33%
广西忻城	73.61%	0.00%	39.88%	云南河口	-	-	27.43%
广东英德	-	0.00%	8.38%	贵州兴义	-	0.00%	3.33%
				平均	71.95%	0.00%	24.91%

注：“ - ”表示当年该种源没有播种育苗。

从表 4.12 可以看出，虽然 2007 年春播种育苗的苗木遭遇极端低温阴雨雪冰冻天气，但是苗木平均受害率仍然低于 2005 年。2005 年苗木遭遇的极端低温为 -6.1℃，2007 年苗木遭遇的极端低温为 -5.4℃。由此可见，随着苗木遭遇到极端低温的下降，翅荚木寒害率增加，甚至植株死亡，极端低温对翅荚木苗木的影响更加严重。试验地所在的丽水市区极端最低温达到 -7.7℃。虽然试验进行了 3 年的观察，但还没有遭遇的历史极端最低温。由此可见，浙西南引种翅荚木，抗寒性差的种源苗期可能会受到寒害的影响。

4.4.3 不同种源苗木抗寒力的差异

植物由于原产地等不同而形成种质内在的差异，进而造成种质资源抗寒力的差异。研究这一差异可以充分挖掘抗寒资源，为生产提供抗寒良种，为育种提供抗寒种质材料。在不同年份，由于引发寒害的气象条件不同，苗木寒害有较大差异。在同一年份，不同种源的抗寒力也有所区别。表 4.13 列出了 2007 年在浙江省丽水市莲都区播种育苗的不同种源苗木受害情况及其抗寒力指标的差异。

表 4.13 2007 年不同种源翅荚木苗木的抗寒力比较

Table 4.13 Comparison of cold resistance of different *Z. insignisi* provenances in 2007

种源	总株数	受害株数					抗寒力指标	寒害等级
		1	2	3	4	5		
广西桂林	176	148	9	10	9	0	1.31cdBCDE	Ⅰ
广西靖西	186	167	11	4	4	0	1.16dCDE	Ⅰ
广东翁源	194	136	29	15	14	0	1.52bcBCD	Ⅱ
广西忻城	163	98	39	20	6	0	1.56bcBC	Ⅱ
广西平果	230	0	72	101	57	0	2.88aA	Ⅲ

（续）

种源	总株数	受害株数					抗寒力指标	寒害等级
		1	2	3	4	5		
贵州兴义	180	174	4	2	0	0	1. 04dE	Ⅰ
湖南江华	241	220	10	8	3	0	1. 17dCDE	Ⅰ
湖南通道	169	160	3	5	1	0	1. 09dE	Ⅰ
云南河口	175	127	11	15	22	0	1. 62bB	Ⅱ
广东英德	167	153	7	6	1	0	1. 13dDE	Ⅰ

注：*LSD* 法多重比较结果以字母标记表示，小写字母标记 5% 显著水平，大写字母标记 1% 极显著水平。

从表 4. 13 可以看出，在浙江丽水莲都区翅荚木苗木的抗寒力指标为 1. 04 ~ 2. 88，寒害等级Ⅰ~Ⅲ级。受害的苗木主要表现为枝干枯死，但第二年仍然能够从基部萌发新梢。方差分析表明，不同种源间存在显著的差异。不同种源的抗寒力从大到小依次为：贵州兴义种源、湖南通道种源、广东英德种源、广西靖西种源、湖南江华种源、广西桂林种源、广东翁源种源、广西忻城种源、云南河口种源、广西平果种源。总体上看，湖南、贵州、广东种源的抗寒力强于广西、云南种源。

3 年的苗期试验表明，湖南通道种源遭遇极端低温后，顶梢挺拔，无寒害或基本无寒害，造林后没有寒害。根据实验室测定，翅荚木一年生苗木经过低温冷冻处理，采用电导率法测定电解质透出率，利用 Logistic 方程 $Y = K/(1 + ae^{-bt})$ 拟合求得的湖南通道种源苗木的半致死温度为 -13. 06℃，低于广西靖西种源 2. 30℃（何小勇等，2007）；翅荚木 3 个月的低温诱导苗木叶片采用差示扫描热量法测定过冷点温度，湖南通道种源 -15. 04℃，低于广东翁源种源 1. 34℃（何小勇等，2007）。由此可见，湖南通道的种源苗木可以抵抗的极端低温远低于试验期间遭遇的极端低温 -6. 1℃。选择湖南通道的抗寒种源，并采取相应的营林措施，翅荚木可以在浙西南选择合适的立地试验发展。

4. 5　翅荚木种源地理变异规律

树木种内的地理变异是指同一树种分布在不同的环境里，由于长期受不同环境条件的影响和基因交流的限制，在生态适应过程中种内群体间在各种性状上发生了遗传分化。现代生物进化理论认为，种群是生物生存和生物进化的基本单位，生物的进化是通过自然选择实现的，种群的基因频率发生定向的改变，导致生物朝着一定的方向缓慢地进化，而选择、遗传漂变和迁移是引起基因频率改变的主要因素。研究树木种内地理变异，揭示变异的基本规律，对于提高树木改良效果、合理区划种子调拨范围具有重要意义（陈晓阳，1989）。

4. 5. 1　性状与地理因子的相关性

表 4. 14 显示了不同种源的性状与地理因素的相关性。小叶长度与经度呈显著相关，苗高与经度呈显著负相关；种子的千粒重、小叶宽度与纬度呈极显著负相关，小叶面积与纬度呈显著相关；小叶长度与海拔呈显著负相关，小叶面积与海拔呈极显著负相关；而其他性状与地理因子无关，特别是地径和生物量与地理因子没有显著的相关性。由此可见，

翅荚木的形态性状与种源的地理因子相关比较密切，而生长性状与地理因子基本无关。翅荚木的分布总体上表现出非连续变异的形式。因此，特异性状的选择和优树选择应当是翅荚木良种选择的关键。

表 4.14　翅荚木种源性状与地理因子的相关性分析

Table 4.14　Correlation between Geographical factors and characters of *Z. insignis*

地理因子	种子高	种子宽	千粒重	羽叶长	小叶数	小叶长度	小叶宽度	小叶面积	苗高	地径	生物量
经度	-0.19	-0.17	-0.23	0.09	0.2	0.65*	-0.28	0.34	-0.72*	-0.31	-0.46
纬度	-0.56	-0.54	-0.86**	-0.17	0.59	0.61	-0.80**	0.64*	-0.03	0.46	0.32
海拔	0.45	0.53	0.6	-0.62	-0.74*	-0.73*	0.55	-0.82**	-0.42	0.1	-0.24

注：** 表示极显著相关($P<0.01$)，* 表示显著相关($P<0.05$)。

4.5.2　性状与气候因子的相关分析

表4.15 显示了不同种源的性状与气象因子的相关性。种子大小、千粒重、小叶宽度与种源的年最高气温显著负相关，小叶数量、苗高与种源的年最高气温显著相关；生物量与无霜期显著相关；羽叶长与年降水量显著负相关，地径与年降水量显著相关。由此可见，翅荚木的生长性状与种源的气候因子关系比较密切，高温、高湿、无霜期长的区域的种源苗期相对比较速生。

表 4.15　翅荚木种源性状与气象因子的相关性分析

Table 4.15　Correlation between Meteorological factors and characters of *Z. insignis*

地理因子	种子高	种子宽	千粒重	羽叶长	小叶数	小叶长度	小叶宽度	小叶面积	苗高	地径	生物量
年均气温	-0.01	0.04	-0.34	0.17	0.35	0.05	-0.29	0.32	0.48	0.35	0.45
年最低气温	0.24	0.02	0.2	0.4	0.01	-0.42	0.51	-0.09	0.4	-0.24	0.41
年高最气温	-0.63	-0.64*	-0.81**	-0.02	0.67*	0.39	-0.73*	0.57	0.68*	0.52	0.34
≥10℃积温	-0.23	-0.22	-0.46	0.05	0.22	-0.06	-0.14	0.2	0.38	0.47	0.56
无霜期	0.22	0.2	0.05	0.12	-0.02	-0.32	0.21	0.02	0.26	0.19	0.65*
年降水量	-0.29	-0.08	-0.41	-0.69*	-0.07	-0.02	-0.37	-0.06	-0.22	0.75*	0.13

注：** 表示极显著相关($P<0.01$)，* 表示显著相关($P<0.05$)。

4.5.3　地理变异规律

4.5.3.1　地理变异的一般模式

一个树种虽然在最初可能具有类似的基因组成，但其基因型频率的组合总是复杂的，所以在分布区中承受多种环境条件的选择压力时，有的基因型由于不适应环境条件而被淘汰，有的由于适应于该种环境条件而保存下来。加之地理上的隔离，各群体之间不能发生基因交流，这种具有某种基因型组成的群体就被固定下来，形成了遗传上有别于其他地理群体的种群。因此，种群间的差异主要是种群间基因频率不同，遗传结构不同所产生的，这就是地理种源形成的遗传基础。

地理变异的一般模式概括起来主要有 3 种：

（1）连续变异。很多树种的分布区很广阔，其外界环境条件的变化，如从低海拔到高海拔，从温暖到寒冷，从湿润到干燥等可能是连续递增或递减的，故林木群体的性状变异常常也随着环境的变化而发生逐渐和连续的变异，这种变异与环境条件变化的梯度相平行，并逐步形成单向渐变群的变异模式。

（2）生态型变异。由于地理隔离、生殖隔离、自然选择或人工选择等作用的结果，形成了生态型群体。这种因长期适应于一定环境条件而产生的遗传上有差异的群体称为生态型（ecotype）。同一生态型的树木，对于一定的环境条件，如温度、湿度、日照、土壤等有共同的或近似的反应。生态型之间在外部形态特征上不一定有显著差异，只是表现出与生态生理条件适应有关的某些规律性的变异。研究树种的生态型对种源的生态分类、确立树种的变异模式和种子调拨区划分都有重要的意义。

（3）随机变异。所谓随机变异就是看不出与环境有相关的变异。地理变异一般只有产地相距几百千米以上，且气候条件相差相当大的情况下，才表现明显。在较小的范围内特别是气候变化较小时，通常只能看到较小的地理变异。但有时看到，一些林分中的树木可能会比另一些林分中的林木生长要快。有时看不到遗传变异和地理差别间有什么密切关系，这是随机地理变异引起的。

4.5.3.2　地理变异的一般趋势

（1）北－南或冷－暖变异趋势。北温带的树种大多有某些共同趋势，最明显的趋势是因南北向而异。同一树种南方产与北方产地相比，一般生长快，春季发叶较晚，受晚霜危害较轻，秋季落叶较晚，生长结束迟，易遭早霜危害，越冬受害较严重。原因是树木对南北不同气候条件的适应性不同而形成的。如杉木、马尾松、侧柏等树种种源试验中，观测到各气候带种源幼林高生长与纬度表现出极显著的负相关。

（2）西－东或旱地到湿地的变化。由湿润地区调进的苗木与由干旱地区调进的苗木相比，一般生长较快，种子较小，扎根较浅，枝叶更绿。例如我国东北的兴安落叶松在阿尔山地区的种子比满归漠河地区的种子大得多。

（3）高－低变异趋势。垂直相差1km，相当于水平距离几百千米所发生的气候变化。自然选择会使高低海拔上的林木发生变异。分布在同一座山上的林分，如果花期一致，其基因交换频率要比水平距离相隔几百千米的种群间高得多。由于发生基因交换，会使高低海拔种群间差异变小，所以从地形陡峭的地区取样试验，往往看不到高低海拔种源间的差异。但在海拔高度逐渐改变的情况下会发生渐变群。一般说，由低海拔产地向高海拔调拨种子，可能有某种程度的增产，而把高海拔种子调向低海拔，效果一般不良。

（4）随机地理变异。干湿、南北种源调运的趋势，一般只有产地相距几百千米以上，且气候条件相差相当大的情况下才表现明显；而在较小的范围内特别是气候变化不大时，通常只能看到不大的地理变异。但有时看到，一些林分中的树木可能会比另一些林分中的林木生长要快10%～15%。有时看不到遗传变异和地理差别间有什么密切关系，这是随机地理变异引起的。

4.5.3.3　翅荚木种源地理变异的特点

根据翅荚木不同种源的种子和叶片形态因子的聚类分析（图4.5），可以看出翅荚木的形态特征呈现一定的不连续变异。9个翅荚木地理种源可分为以下三大类；

（1）桂西石灰岩山地生态型。包括广西靖西、忻城、平果种源，产于桂西，南岭山脉以南，种子比较大，羽叶长，小叶多而小。

(2)湘桂粤南岭山地生态型。包括广西桂林、广东英德、翁源、湖南江华、通道种源，主要分布于湘西、湘南、桂北和粤北，南岭山脉以北，雪峰山脉以东，种子比较小，羽叶一般，小叶少而大。

(3)云贵高原生态型。贵州兴义种源，分布于云贵高原，种子特别大，羽叶较长，小叶多而小。

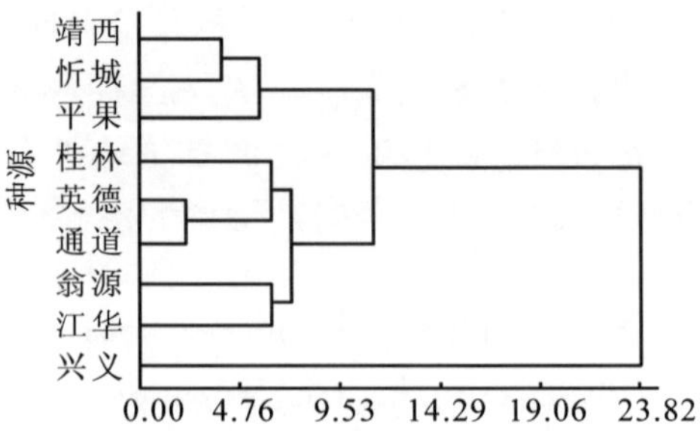

图 4.5 翅荚木苗期性状聚类图

Figure 4. 5 Dendrogram of seedling characters of *Z. insignis*

翅荚木三大生态型之间气候土壤条件各不相同，受长期自然选择的作用，翅荚木种源间产生了一定的差异。根据各生态型地理分布，可初步将翅荚木种源划分为桂西、南岭和云贵高原三大种子区。

根据我们多年的田间观察和实验室分析，翅荚木不同种源的抗寒力从大到小依次为：贵州兴义种源、湖南通道种源、广东英德种源、广西靖西种源、湖南江华种源、广西桂林种源、广东翁源种源、广西忻城种源、云南河口种源、广西平果。总体上看，湖南、贵州、广东种源的抗寒力强于广西、云南种源；高纬度的种源抗寒性优于低纬度的种源，呈现连续变异的模式。但是，不同种源之间的苗期生长量没有什么差异。由于翅荚木分布区较小，分布区内气候、土壤、地形差异较大，不连续变异更为突出。

第5章　翅荚木遗传多样性的ISSR分析

遗传多样性是生物多样性的重要组成部分。广义的遗传多样性是指地球上生物所携带的各种遗传信息的总和。狭义的遗传多样性主要是指生物种内基因的变化，包括种内显著不同的种群之间以及同一种群内的遗传变异。遗传多样性是生命系统的基本特性，是物种适应自然和发生进化的遗传基础。遗传多样性可以表现在多个层次上，如分子、细胞、个体等。林木遗传多样性是在自然选择、基因流和遗传漂变等因素作用下形成的。自然选择作用是林木产生遗传变异主要原因，是林木为了适应不同的环境条件形成的。不同群体之间的基因流是一种内聚力，可以削弱种内群体间的分化，但不同群体以及不同个体之间，往往存在个体花期不同及花粉和种子的传播力有限等因素而使基因流受到限制，从而在不同群体及个体间出现了不同程度的遗传变异。遗传漂变是指一个树种的基因频率在大种群中一般处于平衡状态，但是在小群体内则存在随机增减的现象。环境因素可能引起个体内变异。人为因素主要指人类的生产活动，特别是林木育种工作的开展，丰富了林木遗传变异的内容。

翅荚木为我国特有的珍稀树种，目前对翅荚木的研究主要集中在栽培技术上，其遗传多样性的研究国内外尚未见报道。本章采用ISSR分子标记技术，对湖南通道、湖南江华，广东英德、广西忻城、广西靖西、贵州兴义等6个翅荚木种源的群体间、群体内遗传多样性进行分析阐述，在DNA分子水平上探索翅荚木遗传多样性差异，为翅荚木的开发利用与遗传改良提供理论依据。

5.1　ISSR分子标记及其在林木上的运用

遗传多样性是生命系统的基本特性，是物种适应自然和发生进化的遗传基础。天然群体的遗传多样性程度和分布受遗传漂变、迁移、突变和选择等因素的综合影响，其基因频率会在一定的水平上波动，即遗传多样性会反映在DNA水平上。随着分子生物学的迅速发展，分子标记技术广泛地应用于群体遗传多样性和保护生物学的研究上，使植物遗传多样性的研究从形态学水平、细胞学水平、生理生化水平发展到DNA水平。

运用于树木遗传多样性研究的分子标记技术主要有：限制性片断长度多态性（restriction fragment length polymorphism，RFLP）、随机扩增多态性（randomly amplified polymorphic DNA，RAPD）、序列特异性扩增区（sequence characterized amplified regions，SCAR）、扩增片断长度多态性（amplified fragment length polymorphism，AFLP）、简单序列重复（simple sequence repeat，SSR）、简单序列重复间区（inter-simple sequence repeat，ISSR）（Kojima T et al.，1998）。目前，分子标记在林木上应用比较多的是RAPD标记，然而RAPD标记的不稳定性限制了它的应用（杨玉玲等，2006）。

ISSR是近几年在微卫星分子标记基础上发展起来的一种新型的分子标记技术（Zietiewiez E et al.，1994）。ISSR是利用真核生物基因组内广泛存在的简单重复序列，设计单一的简单重复序列作为引物对基因组 DNA 进行 PCR 扩增的一种方法，国内外许多研究表明 ISSR 可以揭示出比 RFLP、RAPD、SSR 更多的遗传多态性(Moreno S et al.，1998；Esselman E. J et al.，1999；祁建民等，2004；贺学勤等，2005)。由于 ISSR 分子标记技术既利用了基因组中丰富的 SSR 序列信息，同时克服了 RAPD 标记稳定性较差、RFLP 技术费用高、AFLP 技术操作繁琐和 SSR 技术需预先根据其靶序列设计引物等缺点，操作简单，标记重复性好，稳定程度高，多态性丰富，DNA 用量少，成本低，近年来已在种质资源鉴定、遗传作图、基因定位、遗传多样性、进化、系统发育、分子育种等研究方面被广泛应用(Kantety R. V et al.，1995；Godwin I. D et al.，1997；Davila J. A et al.，1999；Arcade A et al.，2000；Joshi S. P et al.，2000；Casasoli M et al.，2001；李海生等，2004；姚明哲等，2004)。

ISSR 可以有效地揭示林木种群间及种群内的遗传多样性，进而分析其系统分化规律，研究群体遗传结构、多样性程度，了解基因流动和渗入的方向与作用，为分子水平上种源区划提供依据。近几年，国内应用 ISSR 分子标记技术，陈俊秋等(2006)对思茅木姜子(*Litsea szemaois*)现存的 8 个居群的遗传多样性进行了研究；那冬晨等(2006)对 17 个兴安落叶松(*Larix gmelinii*)种源 170 个个体遗传多样性进行了分析，通过 10 个引物扩增，共检测到 95 个位点，并构建了的遗传聚类图，进行了种源区划；李海生等(2004)对红树植物海桑(*Sonneratia caseolaris*) 4 个种群 86 个个体进行了遗传变异分析；祁建民等(2003)对黄麻属(*Corchorus*)10 个种 27 份材料的遗传多样性进行分析，25 个 ISSR 引物共扩增出 283 条带，平均每个引物扩增出 10.48 条带，多态性条带比例(PPB)为 92.85%，种间遗传相似系数在 0.33～0.97 之间；冷欣等(2005)对舟山群岛的 6 个全缘冬青(*Ilex integra*)种群共 57 个个体进行了遗传多样性分析，采用 9 条随机引物扩增出 78 条清晰谱带，其中 45 条为多态性条带，多态位点百分比(PPL)为 57.7%，种群平均多态位点百分比(PPL)为 42.1%；邱英雄等(2002)对乐昌含笑(*Michelia chapensis*)6 种类型的遗传变异进行了研究，利用 12 个引物扩增出 134 条 DNA 带，其中多态性 DNA 带 67 条，占 50%，平均每个引物扩增的 DNA 带的数目为 11.167 条，其中 2 个引物能区分全部类型。这些研究进一步证明了 ISSR 应用于遗传多态性分析的可行性。

翅荚木作为我国特有的珍稀树种，其遗传多样性尚无人研究。本研究将运用 ISSR 分子标记技术、显微技术和田间试验相结合的方法，分析翅荚木不同种源的遗传多样性，为耐寒种源的筛选提供理论依据。

5.2 翅荚木 ISSR 分子标记技术

5.2.1 采样

根据翅荚木的地理分布情况，选取湖南通道、湖南江华、广东英德、广西忻城、广西靖西、贵州兴义等 6 个种源为研究对象。各种源的基本情况详见第 4 章。种源收集后于 2006 年 4 月在中南林业科技大学长沙校区播种，7 月初每种源随机选取 6 株作样品株挂牌保护，分别采集幼嫩叶片作样品。样品叶片编号后分别置入封口袋中排去空气并封口，放入 -70℃ 冰箱中储存备用。

5.2.2 总DNA的提取与纯化

翅荚木基因组DNA的提取采用改良的CTAB方法，并进行纯化。

5.2.2.1 主要试剂

(1)CTAB(Cetyltriethylammonium Bromide)抽提液：2%(W/V) CTAB(十六烷基三甲基溴化铵)、100mmol · L^{-1} Tris-HCl(pH = 8.0)、20mmol · L^{-1}乙二胺四乙酸(EDTA，pH = 8.0)、1.4mol · L^{-1} NaCl，灭菌去离子水定容。

(2)2% β-巯基乙醇，75%酒精，异丙醇，无水乙醇，20mg · L^{-1} RnaseA。

(3)TE缓冲液：50mmol · L^{-1} Tris – HCl(pH = 8.0)、10mmol · L^{-1}乙二胺四乙酸(EDTA，pH = 8.0)。

(4)抽提液I：V(苯酚)∶V(氯仿)∶V(异戊醇) = 25∶24∶1；抽提液II：V(氯仿)∶V(异戊醇) = 24∶1。

(5)电泳：电泳缓冲液1 × TAE(pH = 8.5)，10mg · L^{-1}EB。

5.2.2.2 DNA提取与纯化方法

DNA提取方法与步骤：

(1)在15 mL离心管中加入5 mL × CTAB缓冲液、250μL β – 巯基乙醇；

(2)称取叶片0.9g左右放入研钵中，加入液氮迅速研磨成细粉，并将组织转移到准备好的离心管中，50 ~ 60℃水浴处理，每隔2 ~ 3min晃动，水浴40 ~ 60min；

(3)离心10min(4000 r · min^{-1})，取上清液于一新离心管中加入等体积的抽提液Ⅱ上下颠倒混匀；

(4)离心10min(4000 r · min^{-1})，取上清液，重复3 ~ 4次；

(5)取上清异丙醇有絮状物出现，冰上放置；

(6)离心10min(10000 r · min^{-1})，弃上清液保留沉淀，用75%酒精清洗2 ~ 3次；

(7)37℃过夜干燥；

(8)加入RnaseA消化40min；

(9)加入400μL TE缓冲液于45℃溶解10min，离心，取上清液于一新离心管中，– 20℃保存。

DNA纯化方法与步骤：

(1)在DNA中加入200μL抽提液Ⅰ轻摇10min；

(2)离心，将上清液转移到干净离心管；

(3)在DNA中加入15μL NaAC和375μL无水乙醇混匀；

(4)冰上放置后离心，倒出上清液加入75%酒精洗涤；

(5)重复步骤(4)1 ~ 2次；

(6)离心，干燥；

(7)加入100μL TE缓冲液于37℃溶解10 ~ 30min，离心，取上清液于一新离心管中，– 20℃保存。

5.2.3 ISSR-PCR 反应体系建立和引物筛选

5.2.3.1 ISSR-PCR 反应体系建立

对 PCR 反应中 5 个因素(Taq 酶浓度、Mg^{2+}浓度、模板 DNA 浓度、dNTP 浓度、引物浓度)进行重复试验获得最佳因素水平组合，确保 ISSR 反应结果的可靠性和准确性。从得到的最佳因素水平组合进行梯度退火试验，确定最佳退火温度，优化反应体系。

经过重复试验，优化后的翅荚木 ISSR－PCR 反应体系确定为：25μL 体系中含约 60ng 模板、0.5U Taq 酶(广州东盛生物科技有限公司)、1.5mmol · L^{-1} Mg^{2+}、0.15mmol · L^{-1} dNTP、0.3μmol · L^{-1}引物。扩增条件为：94℃预变性 5min，然后进入下列循环；94℃变性 1min→57℃复性 45s→72℃延伸 2min，共计 40 个循环；最后 72℃延伸 5min，于 4℃保存。详见表 5.1。

表 5.1 翅荚木 ISSR-PCR 反应体系

Table 5.1 ISSR-PCR reaction systems for *Z. insignis*

PCR 成分	母液浓度	反应体积(25μL)	终浓度
ddH_2O		20.36μL	
Buffer	10 ×	2.5μL	1 ×
4 × dNTP	各 10 mmol · L^{-1}	0.19μL	0.15 mmol · L^{-1}
Taq 酶	2.5 U	0.2μL	0.5U
引物	10μmol · L^{-1}	0.75μL	0.3μmol · L^{-1}
模板 DNA	60ng · $μL^{-1}$	1μL	2.4ng · $μL^{-1}$

5.2.3.2 引物的筛选

根据优化的反应体系筛选引物，进行可重复性试验。试验引物是根据加拿大哥伦比亚大学公布的序列设计，由上海生工生物工程技术服务有限公司合成。从 100 个引物中筛选出 10 个扩增条带较多、信号强、背景清晰的引物用于 ISSR-PCR 反应，表 5.2 列出了这 10 种引物的序列。

表 5.2 翅荚木 ISSR-PCR 引物序号与序列

Table 5.2 ISSR-PCR code of primer and sequence of primer for *Z. insignis*

引物序号	引物序列(5′－3′)	引物序号	引物序列(5′－3′)
834	$(AG)_8YT$	843	$(CT)_8RA$
835	$(AG)_8YC$	845	$(CT)_8RG$
836	$(AG)_8YC$	854	$(TC)_8RG$
841	$(GA)_8YC$	855	$(AC)_8YT$
842	$(GA)_8YG$	900	ACTTCCCCACAGGTTAACACA

5.2.4 样品分析及电泳检测方法

采用优化的反应体系和筛选的引物进行样品 DNA 扩增。扩增产物在 1.5% 的琼脂糖凝胶中电泳，用 LambdaDNA/EcoR + HindMarker 作为标准分子量对照，溴化乙锭染色，用

EPSON(Japan)紫外成像仪进行图像扫描与分析。所有的扩增反应都重复一次。

5.2.5　数据统计分析方法

运用相关软件分析不同种源的遗传多样性及遗传结构、各种源间的遗传一致度与遗传距离、不同种源间遗传关系的聚类分析。

5.2.5.1　谱带记录方法

ISSR-PCR 产物经电泳分离后，对每一样本、每一引物的扩增结果进行记录。电泳图谱中的每一条带均视为一个分子标记(marker)，并代表一个引物的结合位点。对照已知分子量的 DNA 标准样品在胶上的对应位置，估计扩增产物的分子量大小，按凝胶同一位置上 DNA 带的有无进行统计，有带(包括弱带)的记为“1”，无带的记为“0”。归纳形成“0，1”型数据矩阵。对群体遗传参数的统计基于以下两个假设：

(1)翅荚木群体处于 Hardy-Weinberg 平衡。

(2)统计条带时认为电泳迁移率相同的条带是扩增基因组上的相同 DNA 片段的产物。

5.2.5.2　数据统计分析方法

采用 POPGENE 软件对全部群体和各单个群体分别进行遗传参数分析。将统计的电泳谱带记录(0，1 矩阵)输入软件中，分别计算以下信息：①多态位点百分率(percentage of polymorphic bands，*PPB*)；②观测等位基因数(number of alleles per locus，*Na*)；③有效等位基因数(effective number of alleles per locus，*Ne*)；④Nei's 基因多样性指数(Nei's gene diversity，*H*)(以下简称 Nei 指数)；⑤Shannon's 信息指数(Shannon's information index，*I*)(以下简称 Shannon 指数)；⑥群体总基因多样度(total gene diversity，*Ht*)；⑦种源群体内基因多样度(genic diversity within population，*Hs*)；⑧种源群体间的遗传分化系数(coefficient of genetic differentiation，*Gst*)；⑨种源群体间的 Nei′s 遗传距离(genetic distance，*D*)；⑩遗传一致度(genetic identity，*GI*)。根据这些信息对翅荚木各种源进行遗传多样性分析，并根据 Nei's 遗传距离(*D*)，利用 NTSYSPC22.10 软件进行 UPGMA 聚类分析。

5.2.6　ISSR-PCR 扩增结果

对 6 个种源的所有样本进行了 ISSR-PCR 分析，用筛选的 10 条 ISSR 引物共扩增出 84 个条带，其中 54 条具多态性，每个引物扩增的条带数(No. of polymorphic bands，*NPB*)为 2～9 条，平均每个引物扩增的条带数为 5.4 条，各引物多态位点比率(*PPB*)在 33.33%～100% 之间，平均为 64.29%(表 5.3)，扩增的条带在 200～2800bp 之间。图 5.1 显示了部分引物扩增所得的电泳图谱。

表 5.3　翅荚木 10 个引物 ISSR-PCR 扩增多态位点情况

Table 5.3　The polymorphic by 10 primers of *Z. insignis*

UBC 引物	总条带数	多态条带数	多态位点比率 *PPB*(%)
834	10	4	40.00
835	11	9	81.82
836	7	5	71.43
841	9	9	100.00
842	7	3	42.86

（续）

UBC 引物	总条带数	多态条带数	多态位点比率 *PPB*(%)
843	7	6	85.71
845	6	2	33.33
854	8	5	62.50
855	11	8	72.73
900	8	3	37.50
平均	8.4	5.4	64.29
总群体	84	54	64.29

多态位点是指在该位点上扩增 DNA 片断出现的频率小于 0.99 的位点。多态位点比率是衡量物种遗传变异水平高低的一个重要指标，是衡量遗传多样性的重要参数。表 5.4 列出了不同种源的多态位点比率。

表 5.4　翅荚木不同种源间的多态位点比率

Table 5.4　Percentage of polymorphic in different *Z. insigni* provenances

种源	多态位点数 *NPB*	多态位点比率 *PPB*(%)
通道	24	44.44
忻城	38	70.37
兴义	22	40.74
英德	31	57.41
靖西	30	55.56
江华	38	70.37
种源水平	30.5	56.48
物种水平	54	64.29

从表 5.4 中可以看出，6 个翅荚木种源的多态位点比率在 40.74%～70.37% 之间，其中湖南江华和广西忻城种源的多态位点比率最高为 70.37%，贵州兴义种源的最低为 40.74%，种源的平均多态位点比率达到 56.48%，物种水平的多态位点比率达到了 64.29%。结果表明：翅荚木种源具有高的多态位点比率，种源内存在一定的遗传变异。与物种水平的多态位点比率相比，种源水平的多态位点比率相对较小。各种源多态位点比率由大到小的顺序为：忻城、江华 > 英德 > 靖西 > 通道 > 兴义。

一般来说，种源多态位点比率高，适应环境能力强；反之，种源多态位点比率低，适应环境的能力弱，在长期的进化过程中有被淘汰的可能性。由于翅荚木是单种属，国内外对其遗传多样性尚无人研究，近缘种遗传多样性的 ISSR 分析也极少，所以对翅荚木物种遗传多样性高低进行评价缺少一定的可比性，相关研究有待进一步深入。

5.3　翅荚木遗传多样性的 ISSR 分析

5.3.1　遗传变异与遗传分化

根据 ISSR 扩增情况，研究分别采用 Nei 指数(*H*)和 Shannon 指数(*I*)两种表型多样性指数来估计各个种源的遗传多样性水平高低(表 5.5)。

从表 5.5 可以看出：翅荚木不同种源的 Nei 指数(*H*)在 0.1333～0.2626 之间，平均为 0.2052；其中忻城种源的多样性指数最高，为 0.2626；兴义种源多样性指数最低，为 0.1333；种源和物种水平的 Nei 指数为 0.3120。翅荚木不同种源的 Shannon 指数(*I*)在 0.2025～0.3878 之间，平均为 0.3048；其中忻城种源的信息指数最高，为 0.3878；兴义种源信息指数最低，为 0.2025；种源和物种水平的 Shannon 指数为 0.4748。相关分析表

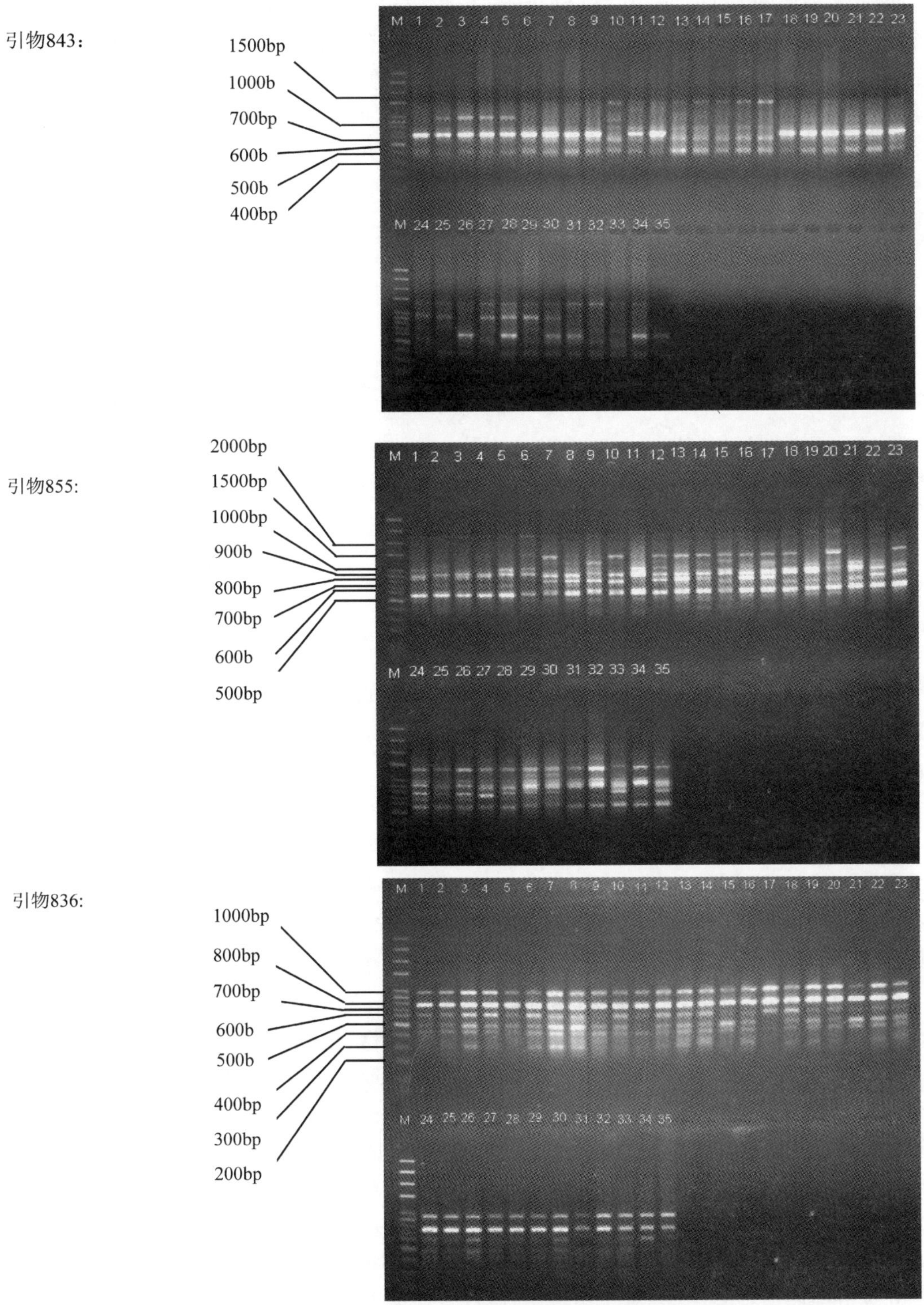

图 5.1　采用 836、843、855 引物对翅荚木种源扩增图谱

Figure 5.1　The pattern of ISSR-PCR with 836, 843 and 855 primers in *Z. insignis* provenances

明，翅荚木种源的 Nei 指数(H)和 Shannon 指数(I)极显著正相关($R = 1.00$，$P > 0.01$)。用 Nei 指数(H)和 Shannon 指数(I)估计 6 个种源的遗传多样性水平从高到低依次为为：忻城种源、江华种源、英德种源、靖西种源、通道种源、兴义种源。从 Nei 指数、Shannon 指数和多态位点比率来看，忻城、江华种源的遗传多样性水平较高，这可能与其生境多样复杂、地理隔离特殊等因素有关，有利于遗传变异的积累；而湖南通道、贵州兴义种源遗传多样性水平较低，这与这两地翅荚木分布相对比较集中有关。

表 5.5　翅荚木不同种源的遗传多样性

Table 5.5　The genetic diversity of different *Z. insigni* provenances

种源	观测等位基因数(Na)	有效等位基因数(Ne)	Nei 指数(H)	Shannon 指数(I)
通道	1.4444 ±0.5016	1.3136 ±0.3978	0.1761 ±0.2124	0.2573 ±0.3030
忻城	1.7037 ±0.4609	1.4636 ±0.4005	0.2626 ±0.2041	0.3878 ±0.2844
兴义	1.4074 ±0.4960	1.2283 ±0.3573	0.1333 ±0.1868	0.2025 ±0.2685
英德	1.5741 ±0.4991	1.3775 ±0.4033	0.2143 ±0.2104	0.3166 ±0.2977
靖西	1.5556 ±0.5016	1.3275 ±0.3826	0.1906 ±0.2010	0.2865 ±0.2858
江华	1.7037 ±0.4609	1.4431 ±0.3894	0.2544 ±0.2011	0.3782 ±0.2808
种源水平	2.0000 ±0.0000	1.5266 ±0.3354	0.3120 ±0.1546	0.4748 ±0.1914
物种水平	2.0000 ±0.0000	1.5266 ±0.3354	0.3120 ±0.1546	0.4748 ±0.1914

从表 5.5 还可以看出：6 个翅荚木种源观测等位基因数(Na)在 1.4074～1.7037 之间，平均达 1.5648；种群的观测等位基因数(Na)为 2.0000。有效等位基因数(Ne)在 1.2283～1.4636 之间，平均达 1.3589；种群的有效等位基因数(Ne)为 1.5266，反映翅荚木种源具有丰富的遗传多样性。

通过 POPGENE 分析，翅荚木所有种源总的基因多样度(Ht)为 0.3110，居群内的基因多样度(Hs)为 0.2052，群体间的基因多样度(Dst，$Dst = Ht - Hs$)为 0.1058，种源遗传分化系数(Gst，$Gst = Dst/Ht$)为 0.3403，基因流[Nm，$Nm = (1 - Gst)/4Gst$]为 0.4840。由此可见，翅荚木种源间发生了一定的遗传分化，种源间的遗传变异占总遗传变异的 34.03%，65.97% 的遗传变异分布在种源内的个体间，表明翅荚木遗传变异主要还是来源于种源内。此结论和绝大多数风媒、异花传粉木本植物是一致的。

翅荚木是国家Ⅱ级保护植物，主要在我国西南各地零星分布，野生资源已经处于濒危状态。由于环境恶化和人类活动等造成的翅荚木种群分布地的片段化，这在我们近 2 年来多的野外调查中得到证明。生境片段化使各群体在空间上相对隔离，在个体、种子、花粉等的迁移能力不变的情况下，基因流将降低，隔离距离越大，种源群体间的基因流越小，从而导致群体间的遗传分化增大。研究发现翅荚木的基因流(Nm)为 0.480，属于低水平。因此可以认为，随着翅荚木天然林的砍伐、破坏，使得生境片段化，造成有效群体较小，已经导致群体内遗传多样性下降，群体间遗传分化增大。

5.3.2　遗传一致度和遗传距离

遗传一致度常用来判断群体之间的亲缘关系，当遗传一致度为 0 时，表明两个群体完全不一样，无亲缘关系；当遗传一致度为 1 时，表明两个群体完全一样。表 5.6 列出了不同种源的遗传一致度(*GI*)和遗传距离(*D*)。

表 5.6　翅荚木种源间的遗传一致度和遗传距离

Table5.6　Nei's Original Measures of Genetic Identity and Genetic distance among *Z. insigni* provenances

种源	通道	忻城	兴义	英德	靖西	江华
通道	—	0.9083	0.8060	0.9300	0.8066	0.7666
忻城	0.0962	—	0.8561	0.9265	0.8529	0.8081
兴义	0.2156	0.1553	—	0.8385	0.8190	0.7909
英德	0.0726	0.0763	0.1762	—	0.8808	0.7885
靖西	0.2149	0.1591	0.1996	0.1269	—	0.8391
江华	0.2657	0.2130	0.2345	0.2376	0.1754	—

注：对角线上方为遗传一致度，下方为遗传距离。

从表 5.6 可知，不同翅荚木种源间的遗传一致度(*I*)在 0.7666～0.9300 之间变化，其平均值为 0.8412，这表明各种源之间的亲缘关系很近，但不完全一样，存在着一定的遗传变异。其中，通道种源和英德种源的遗传一致度最大(*GI* = 0.9300)，通道种源与江华种源的遗传一致度最小(*GI* = 0.7600)。由遗传距离(*D*)可知，通道种源和英德种源的遗传距离最小(*D* = 0.0726)，通道种源与江华种源的遗传距离最大(*D* = 0.2657)。

5.3.3　遗传距离与地理距离之间的相关关系

遗传距离(*D*)与地理距离(表 5.7)的相关分析表明，翅荚木种源的地理距离和遗传距离(*D*)没有显著的相关性($R = -0.0084$，$P > 0.05$)。

表 5.7　翅荚木种源间的遗传距离与地理距离

Table 5.7　Genetic distance and geographical distance among *Z. insigni* provenances

种源	通道	忻城	兴义	英德	靖西	江华
通道	—	252	543	454	485	254
忻城	0.0962	—	436	513	266	343
兴义	0.2156	0.1553	—	939	279	750
英德	0.0726	0.0763	0.1762	—	358	200
靖西	0.2149	0.1591	0.1996	0.1269	—	607
江华	0.2657	0.2130	0.2345	0.2376	0.1754	—

注：对角线上方为地理距离(单位：km)，下方为遗传距离。

植物种源遗传变异的分布情况与物种的地理分布情况一直是遗传多样性研究的热点，地理距离和遗传距离的相关性错综复杂，受植物的进化、分布格局等影响较大。大部分植物的遗传距离与地理距离相关，如香果树(*Emmeno pteryshenryi*)(张文标等，2007)、紫丁香(*Syringa oblata*)(明军等，2006)、马尾松(万爱华等，2006)、栓皮栎(*Quercus variabilis*)(徐小林等，2004)等，也有些植物的遗传距离与地理距离无关，如云杉(罗建勋等，2005)、裸芸香(*Psilopeganum sinense*)(杨佳等，2007)等。

翅荚木是热带亚洲—印度—马来西亚—越南(或中南半岛)至华南(或西南)分布的植

物(吴征缢，1991)，是单种属，在分布格局上明显受地理因素和气候条件的制约。研究发现翅荚木种源的地理距离和遗传距离没有显著的相关性，这可能与翅荚木主要分布的我国西南地区地形造成的地理隔离有关，西南山区的地形等特定的隔离机制阻碍了基因的交流。因此，作为珍稀植物翅荚木的多样性保护更显得十分迫切。

5.3.4 遗传多样性与地理气候因子的相关分析

多态位点百分率(*PPB*)、Shannon 指数(*I*)、Nei 指数(*H*)是反映植物遗传多样性的重要指标，研究分析了它们与地理气候因子的相关性，结果如表 5.8。

从表 5.8 可知，翅荚木种源多态位点比率(*PPB*)与年平均气温显著负相关($R=-0.87$，$P<0.05$)，而与其他地理气候因子无关；Shannon 指数(*I*)、Nei 指数(*H*)与等效纬度显著负相关($R=-0.83$，$P<0.05$；$R=-0.85$，$P<0.05$)，与年最高气温极显著负相关($R=-0.89$，$P<0.01$；$R=-0.90$，$P<0.01$)，而与其他地理气候因子无关。翅荚木是喜光树种，喜温耐旱，研究结果显示随着纬度的降低，极端最高气温越高，种源 Shannon 指数(*I*)、Nei 指数(*H*)越大，这可能与翅荚木分布纬度越低，其种群较多有关。

表 5.8 翅荚木多态位点百分率、Shannon 指数(*I*)、Nei 指数(*H*)与地理因子的相关分析

Table 5.8 Correlation between the percentage of polymorphic loci, Shannon information index (I), Nei's gene diversity index and geographical climatic factors in *Z. insigni*

地理气候因子	多态位点比率	Nei 指数(*H*)	Shannon 指数(*I*)
等效纬度	0.73	-0.85*	-0.83*
经度	-0.38	0.61	0.59
海拔	0.67	-0.72	-0.7
年均气温	-0.87*	0.45	0.45
年最低气温	-0.09	-0.17	-0.15
年最高气温	-0.55	0.90**	0.89**
≥10℃积温	-0.63	0.28	0.28
无霜期	-0.42	0.16	0.17
年降水量	-0.19	0.18	0.18

注：*表示显著相关($P<0.05$)；**表示极显著相关($P<0.01$)。等效纬度 = 纬度 +（海拔高 - 300）/ 200 或 140。当海拔高大于 300 m 时，分母用 140；小于 300 m 时，分母用 200，这样可消除同纬度上海拔的影响。

5.3.5 遗传多样性与生长性状及生理指标的相关分析

研究对翅荚木种源多态位点百分率(*PPB*)、Shannon 指数(*I*)、Nei 指数(*H*)与生长性状及生理指标的相关性进行了分析，结果如表 5.9。

从表 5.9 可以看出，翅荚木各种源多态位点比率(*PPB*)与小叶数量极显著负相关($R=-0.97$，$P<0.01$)，与小叶面积显著负相关($R=-0.82$，$P<0.05$)，而与生理指标、生长量无关；Shannon 指数(*I*)、Nei 指数(*H*)与叶片细胞结构疏松度(*SR*)显著正相关($R=-0.77$，$P<0.05$；$R=-0.77$，$P<0.05$)，与苗高极显著正相关($R=-0.99$，$P<0.01$；$R=-0.99$，$P<0.01$)，与地径显著正相关($R=-0.76$，$P<0.05$；$R=-0.77$，$P<0.05$)，而与生理指标无关。由此可见，翅荚木种源的遗传多样性越丰富，种源的适

应性也就越强，树木生长越快，因此可以通过 ISSR 分析对翅荚木生长性状进行早期预测。但翅荚木种源的半致死温度等抗寒性各项生理指标均与种源的多态位点百分率、Shannon 指数(I)、Nei(H)无关，因此可以认为翅荚木的抗寒性主要由一些特异基因所控制。

表 5.9　翅荚木多态位点百分率、Shannon 指数(I)、Nei 指数(H)与生长性状及生理指标的相关分析

Table 5.9　Correlation between the percentage of polymorphic loci, Shannon information index(I), Nei's gene diversity index, growth character and physiological index in *Z. insigni*

生长性状及生理指标	多态位点比率	Nei 指数(H)	Shannon 指数(I)
可溶性蛋白	0.23	-0.69	-0.71
可溶性糖	-0.11	-0.52	-0.56
SOD	-0.01	-0.5	-0.52
MDA	-0.06	0.53	0.56
半致死温度	0.1	0.56	0.6
叶片厚度	-0.67	0.47	0.47
CTR	-0.14	-0.3	-0.32
SR	-0.68	0.77*	0.77*
种子千粒重	0.63	-0.4	-0.38
羽叶小叶数	-0.97**	0.43	0.41
小叶面积	-0.82*	0.11	0.09
一年生苗高	-0.31	0.99**	0.99**
一年生苗地径	-0.45	0.76*	0.77*
一年生苗生物量	-0.44	0.33	0.34

注：*表示显著相关($P<0.05$)；**表示极显著相关($P<0.01$)。

5.3.6　遗传聚类分析

根据 Nei's 遗传距离(D)，利用 NTSYS PC22.10 软件进行 UPGMA 聚类分析，构建种源群体遗传关系聚类图(图 5.2)。

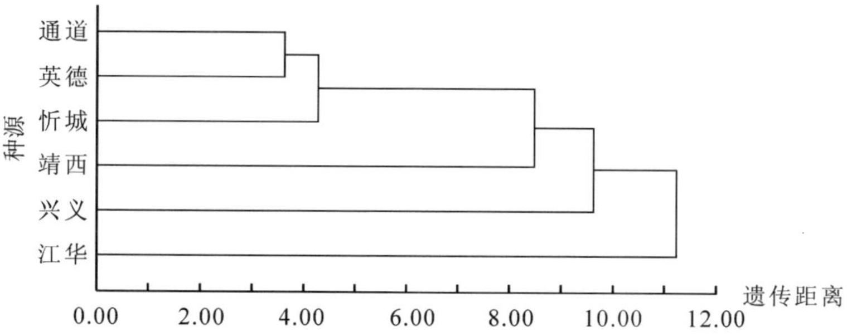

图 5.2　翅荚木种源间 Nei's 遗传距离的 UPGMA 聚类图

Figure 5.2　The cluster chart of genetic distance between different *Z. insigni* provenances

从图 5.2 聚类分析结果可以看出，翅荚木种源间的遗传分化较大。因此，在 4.31～8.34 的遗传距离上可将 6 个种群大体分为 4 大类：第Ⅰ类为英德、忻城、通道种源；第Ⅱ类为靖西种源；第Ⅲ类为兴义种源；第Ⅳ类为江华种源。由于这四大类型种源间地形起伏较大，一定程度造成了地理隔离，降低了群体间的基因流动，使得群体间产生一定遗传分化。翅荚木各大类群种源之间存在地形隔离，分子水平上的遗传聚类结果与地理分布格局基本一致。

总之，应用ISSR分子标记技术分析翅荚木的遗传多样性，较好地显示了其多态性。分析的6个翅荚木种群存在一定程度的遗传分化，种群内以忻城、江华种源的遗传多样性水平较高，种群间的遗传分化处于中等水平，种群间遗传距离与地理分布格局基本一致。因此，作为珍稀植物翅荚木的多样性保护更显得十分迫切。翅荚木种源的半致死温度等抗寒性的各项生理指标均与种源的多态位点百分率、Shannon 指数(I) 、Nei 指数(H)无关，抗寒性主要由一些特异基因所控制，可以通过选择培育抗寒性较高的良种。

第6章　翅荚木良种选育

林木改良是林业生产中最基础、最关键的因素。我国从20世纪60年代开始有计划地推进林木育种工作，先后对各个主要造林树种尤其是商品化树种进行了系统的研究。翅荚木是主要在我国西南地区分布的珍稀树种，适应性强，生长迅速，用途十分广泛，既是工业原料树种、用材树种，又是能源树种，具有广泛的开发利用价值。自20世纪80年代翅荚木被用作速生用材树种在湖南、广东、江西、福建等地推广后，近几年在我国西南地区石漠化治理中得到广泛应用。但是，翅荚木的良种选育工作刚刚起步，方法需要进一步探索。

6.1　翅荚木良种选育的基本原则及程序

6.1.1　良种选育的基本原则

常说的良种有两层含义：一是优良品种；二是优良种子，即优良品种的优良种子，具体地说是指用良种繁殖的种子，其纯度、净度、发芽率、水分四项指标均达到良种质量标准的种子。林木良种是经人工选育，通过严格试验和鉴定，证明在适生区域内，在产量和质量以及其他主要性状方面明显优于当地主栽树种或栽培品种，具有生产价值的繁殖材料。在目前林业生产实践中，林木良种包括经审定、认定的优良品种、优良家系、优良无性系以及优良种源内经过去劣的正常林分和种子园、母树林生产的种子。

6.1.1.1　良种指标

跟其他用材林树种一样，翅荚木良种应具有速生、丰产、稳产、优质、抗逆性强等全部或部分优良性状，具体地说应该具备以下3点：

(1)在同等立地条件下，单位面积木材产量显著大于当地同一树种或品种。其中，阔叶树木材增益要符合GB/T 14073规定；种子园的种子木材增益10%以上，优良家系、优良无性系，木材增益15%以上；引种成功的树种及其优良种源、家系、无性系，木材增益大于当地主要造林树种(品种)15%以上。

(2)具有材质优良，抗病、抗虫、适应不良生态因子(如盐碱、风沙、干旱、低温、积水)等优良性状。

(3)具有某种或多种特殊使用价值(建筑、纤维、造纸、板材)，且显著优于生产对照种。

6.1.1.2　基本原则

(1)坚持造林地立地条件与树种生物学、生态学特性相一致，做到适地适树、适地适品种、适地适类型、适地适种源。

(2)根据速生丰产用材林的要求，进行速生丰产林的定向培育；相同条件下，选择适应性广、抗病虫害能力强，生态稳定性好的良种。

(3)提倡和鼓励采用良种造林，营造纯林也提倡多品种、多品系造林。

6.1.2 良种选育的程序

良种选育的程序是指在树木遗传改良理论指导下，根据育种目标从育种材料开始，包括有性和无性选育材料的繁殖、测定、选择，直至获得新品种(良种)的全部有序过程。翅荚木良种选育的基本程序分以下五个步骤。

6.1.2.1 选育材料的选定(选择或杂交)

选育材料指用于良种选育的群体、家系和无性系，包括选择育种、杂交育种、引种等各个系统的原始材料。

(1)优树选择。在当地适宜种源与优良种源和天然林中选择优树；以无性繁殖为主要方式的树种选优，要研究其无性系形态或生化成分，以及来源和组成，避免在同一无性系中选择多株优树；根据表型选择的原理和方法选择优树，采用评分法、对比树法、小样地法、绝对生长量法或回归法；按不同树种不同育种目标的要求确定优树标准，数量或质量性状指标要显著优于($\alpha = 0.05$)被选总体。选择后按 GB10018 第 6.3 条填写“优树登记卡”。

(2)杂种选择。根据育种目标选择天然杂种或人工杂种。

(3)超级苗选择。在田间条件一致的苗木群体中，依据苗高、径粗或生长量综合值，测算平均值和方差。中选超级苗最低标准为平均值加两个标准差的健康苗木。

(4)引种树种选择。引种树种必须经过引种试验，正式鉴定确认为适合当地生长的树种后，才能作为选择育种与杂交育种的材料。

6.1.2.2 育种材料的繁殖(繁殖力的选择)

翅荚木苗木培育可分为裸根苗和容器苗培育。相关技术见本书第七章。

6.1.2.3 良种测定

初选材料单点试验林，复选材料多点试验林(3 点以上)。

(1)测定要求。用于测定的材料来源必须清楚，符合育种材料的选择要求。同一批试验林中的各种处理材料其繁殖方法、育种技术、苗龄及苗木规格要一致；子代测定需要严格的遗传对照和生产对照，对照要求见 GB10013 第 3.5 条。生产对照采用当地生产种(品种)与已推广的良种作双重对照。用于测定的种子必须在正常结实年分采收，对照种子按 GB2772 抽样；进行无性繁殖的树种采用无性系测定。在群体或家系中选出的优良个体，应使用经过年幼化的穗条繁殖成无性系作试验材料，用被选群体混合无性系作对照，同时安排生产对照。

(2)苗期测定。苗期测定的育苗地，要求立地条件及前茬一致，土壤和水肥等因子无显著差异；苗期测定采用随机区组设计，3~4 次重复。每个家系 20~30 株小区，每个无性系 10~20 株小区，株行距要求符合当地生产标准。四周设置保护畦或两行保护带。

(3)测定内容和要求。① 测定苗木的生长量和生长节律、成活率和保存率、抗逆性、物候等。分析苗木生长量、生长型、适应性和抗逆性；②家系侧重观测性状遗传及其差异；③无性系侧重观测繁殖率、生长量、适应性和抗逆性；测定结果以小区平均值或以小区内个体作统计分析。

(4)造林测定。测定林的立地条件及营林技术措施要求一致；测定林采用随机区组设计或裂区设计。单点试验用于大量无性系筛选，设 3~5 次重复，2~4 株小区；3 处以上的多点试验包括地域差试验与立地差试验两类。家系测定 4 ~ 5 次重复，采用方形或矩形小区，每小区 9 ~ 25 株；无性系测定 4 ~ 6 次重复，每个无性系 20 株以上；试验林四周设计保护行；无性系测定林在试验期间一般不进行疏伐。个别需要疏伐的树种，增加 3 个重复用于疏伐试验；因培养材种需要保存一个轮伐期的，需要疏伐时应考虑疏伐后小区保留的株数和保持均匀密度；根据测定目标和不同阶段要求进行观测。观测内容包括造林成活率、保存率、年终生长量与生长型、抗逆性、物候、形态、木材理化性质等。综合评定其收获量的生产率和遗传稳定性；家系侧重评价主要经济性状的配合力、遗传力和选择效益；无性系侧重评价生产力、抗逆性、基因型与环境交互作用。试验林缺株在造林后的 2 年内用同龄后备苗(幼龄树)补植，补植株在 3 年内不纳入统计分析。缺株小区估算用缺失数据补救公式计算。1 个试验林中缺区大于 20% 时不能估算遗传参数，缺失大于 40% 时试验林报废。

(5)遗传参数估算。获得的试验数据用常规方法估算遗传参数，选育评价采用遗传增益与育种增益估算。用单性状选择与指数选择进行选择评价。

(6)建立技术档案。建立选择材料、繁殖、测定、抚育管理、统计分析等一系列完整的技术档案。

6.1.2.4　鉴定评价(品种、良种)

良种鉴定是对良种性状的鉴别和评定。育种材料通过试验研究，证明产量和质量符合良种标准后，由成果鉴定部门组织有关专家对试验方法、试验材料、资料、现场和成果进行评价。阔叶树的新品种鉴定，必须根据科学试验所获得的系统资料及统计分析结果。应具备试验现场、试验报告和新品种选育报告。申报鉴定品种的试验期限和试验点设置应符合本标准和 GB/T14071 的要求。

6.1.2.5　良种审定、繁殖、推广

良种审定是指单位或个人选育的林木良种，经林木良种审定委员会审查、评价和认可，并进行良种定名、编号、登记，报请同级林业主管部门公布使用的过程。

6.2　翅荚木遗传改良策略

翅荚木遗传改良仅处起步阶段。根据阔叶树种质资源特点和遗传改良现状，翅荚木改良应另辟捷径，采取长短结合、系统改良与局部突破结合、常规与超常规结合的改良策略。

6.2.1　早期利用的母树林策略

母树林是为满足近期种苗供给不足，而在种源区内选择优良天然林或人工林，或用优良种苗以造林方式营建的林分，通过留优去劣等措施，用以生产遗传品质较好的林木种子的特殊林分。母树林按建设途径可分为 4 种方式：

(1)临时母树林。在适宜采种的林区内，从现有生理成熟的天然林或人工林中，选择好的或比较好的林分，略加经营，进行采种的母树。这是应对当前种子来源紧缺的珍稀濒危优良阔叶树树种而设立的经营较粗放的采种基地。

(2)在优良种源区或适生分布区内选择优良林分，根据优良母树选择标准和合适的母树林密度，从混杂的群体中按表型淘汰一批低劣的个体或挑选一批符合要求的目的树保留

下来，以采收林木种子的经营方向进行经营管理。这种方式，是利用已结实或即将进入结实年龄的现有天然林或人工林进行改造而成。主要乡土阔叶树适宜采取对现有林疏伐改造，以便快速供种，满足近期造林需要。

(3)从混合选择的优良个体或优良种源区的优良林分，选择采种母树或单株选择的优树，以其自由授粉或人工杂交控制授粉产生的种子进行播种育苗，经苗期选择，精选超级苗营造的母树林。珍贵稀有树种、重要外来树种、抗性品种选育，可建立人工母树林，它不仅是解决近期种子来源的途径，也是异地迁移保存基因资源的重要措施。

(4)对开展系统改良的重要翅荚木，可以把建设母树林与子代测定林结合进行，把优树子代林按表型去劣留优，改建为母树林，以便在种子园产种前满足生产用种。

6.2.2 快速利用的无性系改良策略

无性系改良包括无性繁殖和无性系育种两方面，无性繁殖是指利用树种的营养器官，培养成一个独立新植株的过程，如组培、扦插、嫁接等。无性系育种是对林木群体中选出不同起源(家系、类型)的优良单株或人工杂交产生优良组合中选出优良个体为母本材料，进一步通过无性繁殖形成无性系，按一定育种目标和要求，对各无性系进行比较鉴定，评选出最优无性系推广应用于生产的过程。

在湖南等省份分布的众多阔叶树种中，翅荚木是极具价值的优良乡土阔叶树种，但是，现有林分稀少、种子产量低、种子贮存困难，种子来源十分有限。采用无性繁殖或无性系改良措施，打开一条良种生产的新途径，可望从根本上改变阔叶树种苗紧缺局面。这对促进当地林木树种结构调整的顺利进行具有战略意义。无性系改良途径可分为以下 3 种方式：

(1)收集一批优良性状单株，以此为材料，用嫁接方法建立优树资源库，用优树资源库中收集的优良材料或其杂交材料，建立普通采穗圃。采穗进行扦插育苗或直接用优良材料组培育苗，培育批量苗木供近期生产利用。这是对表型选择材料的直接利用，这种方式适用于遗传基础狭窄的濒危稀贵树种、目前尚无能力开展细致林木改良之前的早期利用、用种量不大的次要造林树种、特殊优良性状个体利用等。

(2)通过苗期测定和林期测定，对无性系进行比较鉴定，从而对其基因型的优劣重演亲本优点特性作出正确评价，评选优良无性系，建立改良采穗圃进行扦插繁殖育苗，或以最优无性系材料用组培方法直接大量繁殖。这是无性系育种中边测定、边利用、边提高的中间环节。此方式适用于开展精细系统遗传改良的重要造林树种。

(3)对前期测定评选的优良无性系材料再选择再测定，选出优良无性系或无性系品系；从优树资源库中精选精英树制造杂交组合，开展杂交后代测定评选无性系繁殖材料；或通过种源间、家系间、家系内的选择，评选最优无性系或无性系品系。以最优无性系或无性系品系为材料，建立优良无性系采穗圃采穗育苗，或以最优无性系、无性系品系的材料直接组培，大量育苗使用。

6.2.3 有性育种、无性利用的交互发展策略

有性育种与无性利用的交互发展，可以使长期而系统细致的遗传改良与近期阶段性的育种成果的快速利用相互结合、相互补充完善。有性育种是通过阔叶树选优、人工控制授粉、子代测定、家系和家系内选择等遗传改良措施，不断培育优良种质材料，一方面使种

子园由初级种子园→去劣种子园→重建种子园→高级种子园，逐渐升级，循序提高；另一方面是通过子代测定，筛选出的优良遗传型个体材料，以无性系繁殖途径组织生产，从无性系化到另一无性系化；从而形成有性育种的种子园途径和无性快速繁殖途径的有机结合。

有性育种过程与无性繁殖过程是相互交织、不可分割的两种育种手段。博采二者之长，即"有性世代育种，无性繁殖推广利用"，有利于促进遗传改良进程。这就是从有性育种过程中不断产生的优良材料，再精选出最优材料形成无性系加以利用。这样既可充分利用了全部遗传方差，又可不断推出新的基因型材料，形成阶段性的不断更新应用新材料的无性系滚动发展格局。美国、芬兰曾利用一个辐射松优良种胚，组培出 120 万株优质苗木，这就是"有性育种、无性利用"的重要价值所在。特别是对翅荚木这一种子来源十分困难的树种，采用无性系繁育途径就更为重要。

6.2.4　应用超常规的现代生物技术推进翅荚木育种进程

现代生物技术不断揭开地球生命现象之谜，从植物的基因转移产生植物新品种，到英国"多莉"绵羊的成功克隆，再到人类基因组图谱的成功绘制，这意味着人类能不断掌握物种的生命产生发展过程。通过基因的转移重组，制造植物新品种，或采取措施激发目的基因、抑制非目的基因来控制植物生长发育方向，达到改良植物品种的目的。

现代生物技术在林木遗传育种中的应用，主要涉及细胞工程、基因工程、酶工程、生化工程等。以现代生物技术应用于遗传改良，可以使翅荚木遗传改良实现跨跃式的发展，缩短育种周期，加快遗传改良步伐。

6.2.5　加强育种群体保护

基本群体、育种群体、生产群体是影响林木遗传改良效果的 3 种不同群体，基本群体大小直接影响遗传改良效果，基本群体越大则选择强度越大，选择效果越好。但由于气候变迁、砍阔叶树造针叶树、炼山造林以及森林火灾等的影响，导致许多翅荚木自然种群严重萎缩和退化，遗传改良的基本群体极其狭窄。如在有翅荚木天然分布的湖南等地，育种基本群体极其狭窄，几乎丧失了优树选择的基础。林木遗传资源是亿万年自然发展的产物，是大自然献给人类的奇宝，一旦消灭，则无法补救，将给林业发展造成巨大损失。假若人类对树木遗传资源的要求是恒定的，丧失那些我们所不需要的遗传资源也无关紧要，问题是人类的追求与品种化的目标，都是一定历史时期的特定产物。随着时间的推移与自然环境的变化，人类对树种和栽培品种的性状要求也在不断发生变化。今天所需的良种，未来则可能被看成是劣种而不予使用，过去和今天所丢失的遗传资源则可能成为未来的珍品。加强翅荚木等阔叶树育种资源的保护，是富有远见的遗传改良策略之一。

6.3　翅荚木种源选择

种源通常是指从同一树种分布区范围内不同地点收集的种子或其他繁殖材料。同一树种的树木长期生长在一定的环境条件下生长、发育，会对特定的生态条件产生一定的遗传反应，把自然分布在各地理区的种源样本（种子或苗木）集中在一个或多个地点，对其生长、形态及生理特性等所进行的对比栽培试验，称为种源试验。为各造林地区选择生产力高、稳定性好的种源，称为种源选择。种源选择是在承认种内存在遗传变异、存在差别的前提下进行的选择。

6.3.1 种源试验

目前国外在种源试验的研究中，以育苗造林田间试验为主，同时辅以室内的生理、生态、解剖及生化等方面的测定研究。当然后者只能解决某一特性的变异规律，为判别种源，划分种群提供某一方面的依据，而决不能解决种源差异选择的根本问题。我国当前种源研究的方法也是以田间试验为主，同时开展生理、生化、解剖等方面的研究。根据试验的步骤，种源试验一般可分为全面种源试验和局部种源试验两类。

6.3.1.1 采样点的确定

采种点的确定要全面，有代表性，直接关系到能否达到预期试验目的。可以采用网格法，也可采用等温线、等雨线，或纬度和海拔等地理指标的变化梯度，也可采用山脉或水系定点采种。

翅荚木在我国分布区域地形变化比较复杂，气候因素变化剧烈，呈不连续变异，可采用主分量分析方法。通过主分量分析，将错综复杂的多个因子，经过筛选选出少数一些主要因子，再根据这些因子划分成大区，在每一个大区内采种。一般生态因子越复杂，布点越密。

6.3.1.2 采种林分和采种树

采种林分应是本地起源，最好是天然林分；要有一定面积和密度，应能够保证异花授粉和生产大量种子，以保证种子供应；林分组成和结构要比较一致，周围没有低劣林分。

采种林分应具有代表性，林龄应达到结实盛期，林分生产力比较高；各个采种林分取样标准应一致，可统一用中等水平林木采种，也可统一用优势木采种；采种数一般不少于20株，采种数之间间距不得小于树高5倍。

6.3.1.3 采种记录

采种应指定专人，分工明确，从指定的林分和选定的植株上采种。每批种子都应挂好标签，防止混淆。对每个种源的种子应有详细的记录。调查后进行采种林分的确定及编号，设置永久性标记。

为便于今后分析研究结果，要对林分状况和环境条件加以描述，要记载采种林木株数，采种树的选择方法，及采种数的胸高、直径等生长指标。对采种点的气候、土壤条件加以记载。

记载采果、种子数量及种子调制方法。

6.3.1.4 苗期测定

苗期测定的育苗及试验地的立地条件应尽可能均匀一致。在条件许可情况下，苗期试验可在人工控制的温室条件下进行。试验时各个种源的种子要测定千粒重、饱满度和发芽率，以便确定播种量。各种源播种前处理应相同，应分别处理，以防止混淆。苗圃一般采用随机区组排列，重复3次以上。

6.3.1.5 造林试验

通过造林试验了解不同种源对气候、土壤条件的适应性、稳定性和生产潜力，为造林地点选择最适宜种源。造林地点应能代表该地区的立地条件。试验地的条件应尽可能一致，造林应按照田间试验设计进行安排。

造林试验一般分两个阶段进行。第一阶段全分布区种源试验，主要在幼年完成，主要了解适应性和生长的一般表现，找出优良种源，作为种子调拨的初步依据。试验期限一般为1/2～1/4轮伐期，每个种源栽植的株数应在50～60株以上。对适应性强和生产力高的种源进行第二阶段局部分布区种源试验。第二阶段试验不少于1/2～1/3轮伐期，每个小区面积较大，一般应每小区30～50株树。造林试验的观测项目主要包括存活率、生长量、生长发育、物候期及生长节律、适应性及抗性、个体的竞争特性、木材性状及其他生理生化指标等。

6.3.1.6 种源试验结果分析

(1)种源间差异和差异可信度；

(2)种源与环境条件的关系；

(3)种源间遗传性状的相关；

(4)性状与生态因子的相关；

(5)树种地理变异模式；

(6)生态型划分；

(7)提出最适种源和种子调拨区。

6.3.2 种子区区划与种子认证

翅荚木不同地区生产的种子在造林成活率、保存率、生长和材质等方面都有可能存在着遗传差别，有时这种差别是很大的，因此造林时不能随意采用任何地区的种子，而应对种子的供应范围有所限制，这就需要根据种源试验结果进行种子区区划。

种子区区划：对某个树种的种子供应范围，根据气候、土壤条件以及营林经验和行政区界等进行水平和垂直的区划。种子区主要是为造林用种子的生产和使用服务，种子区区划的基本单位是种子区，次级单位为种子亚区。

与种子区划分、种子供应相关的另一个问题是种子认证。所谓种子认证，就是验明种子的来源和种子的遗传品质。

6.4 翅荚木优树选择和子代测定

优树是指在立地条件和经营措施大致相同，年龄近于一致的情况下，生长优异、品质优良的个体。由于翅荚木长期自然选择和人工栽培的作用，种内产生了若干变异，故群体内遗传基因丰富且复杂；生产上使用的翅荚木种子优劣不一，造成造林林分分化大，林分内各个体间大小差异悬殊，这些给我们进行翅荚木优树选择提供了丰富的物质基础。翅荚木优树选择，是按照遗传学有关理论，根据一定的选择标准，采用适宜的选择方法，从天然林或人工栽植的林分群体中选择出优良单株。

6.4.1 优树选择的原则

6.4.1.1 目标性原则

所谓目标性就是要求选择目标明确，针对性强。就翅荚木的选优而言，是以速生丰产的工业用材造纸材、人造板材为选择目标，选择性状中除对生长性状包括抗逆性、适应性、形质性状高度重视外，必须对材性性状如木材基本密度、纤维素含量、纤维形态等引起重视，因为这些指标对造纸等纤维材非常重要。

6.4.1.2 一致性原则

即要求选优林分的林龄、林分密度、立地环境以及栽培管理措施等尽可能一致。候选株不应是由于明显的非遗传因素干扰才得以表现优良，而应是在正常生长竞争状态下表现优良。避免选择那些在特殊立地条件下表现特好，而在一般条件下却表现一般的特殊单株。

6.4.1.3 优中选优原则

包括两个方面的内容，一是指生长指标选择方面，在优良种质资源中选优时，一般按下列顺序进行选优，即首先确定优良种源，再选优良林分，最后选出优良个体；在种源、家系等各种对比试验林和大面积家系丰产林中选优时，应充分利用多层次遗传改良得到的遗传增益，真正做到优中选优，提高优良度和选择精度；二是指材性指标选择方面，材性选择应在入选优树中进行，即生长指标选择为主程序、材性指标选择为辅程序，当优树的优良度相一致时，在生产应用上应首推材性优良的优树，材性选择的主要指标有：木材基本密度、纤维形态、纤维素含量等。

6.4.1.4 选优林分年龄应不低于半个轮伐期原则

优树选择最宜在轮伐龄进行，一般不得低于半个轮伐龄。这种考虑基于候选树的生长处于早期阶段时，各种性状表现不够充分。至于轮伐龄的确定，则需依据林分的最终经营目标和树木本身固有的特性来定。翅荚木作为纸浆材经营其轮伐期为 8 ~ 10 年。所以以纸浆材为目标的翅荚木选优，可在 4 ~ 5 年生或以上的林分中进行。

6.4.1.5 不宜在无性系中选优原则

为防止遗传基础过窄，严禁在无性系林分中选优。

6.4.2 优树选择标准

翅荚木选优的标准切勿一刀切，具体的标准要因林种、林龄以及选择目标的不同而异。树木选择是基于对某几个性状进行的选择。一般情况下，用材树种的选优标准包括 4 个方面的内容：即生长量(树高、胸径、冠幅)指标、形质(通直度、尖削度小、分枝大小、分枝角度)指标、材性(木材基本密度、纤维形态、纤维素含量)指标以及抗性(抗旱、抗病虫害等)和适应性指标等。本文所提出的翅荚木选优标准是以纸浆材为培育目标提出的。应当指出，这些标准是原则性和指导性的。在实践当中，还可根据具体情况做出适当的调整以符合人们的需要。由于翅荚木选优是按表型进行选择的，为了提高选择效果，还必须进行优树测定。优树测定的方法主要有子代测定和无性系测定(即当代测定)2 种。

6.4.2.1 优树年龄的确定

根据中国翅荚木栽培的现状和以纸浆林为主的培育目标，选优年龄一般定为 4 ~ 10 年，选优强度一般变动于 1/1000 ~ 1/500。

6.4.2.2 优树的生长指标

(1)优树的生长量指标。据翅荚木生长现状的调查，翅荚木高生长以幼龄期为速生阶段，胸径和材积生长以幼、中龄期为速生阶段。根据翅荚木各年龄段生长表现提出翅荚木优树选择生长量指标。在具体应用时，只要预选优树有两项指标达到，即可入选，当然有其他特殊性状时还可适当放宽。

(2)优树的质量指标。优树的质量指标尽量做到简单明了，同时抓住主要性状，且可操作性强。

干形：树干通直圆满，树高80%以下的主干无缺陷，单一主干，尖削度小，且皮薄，树皮率小于10%。

分枝：自然整枝良好，侧枝细，与主干交角小。

冠形：树冠呈尖塔或圆锥形，冠高比(冠幅与树高之比)小于0.40。

抗性：树木健壮，生长势旺，枝叶茂密，叶色正常，无病虫害，主干无折顶现象，抗旱性强。

(3)优良家系的选择标准。优良家系的选择在家系测定林或种源试验林中进行，测定对象都是入选优树(或种源)的自由授粉子代。由于种源差异比子代差异大，因此，选择标准种源试验林家系高于子代测定林家系。优良家系质量指标和抗性指标同优树选择标准。

(4)其他指标。作为采种母树，所选优树应有中等以上结实能力；作为无性繁殖材料的母株，所选优树应伐根萌发率高，且插条的生根成活率也高。

6.4.3　优树选择方法

由于我国翅荚木大多为中、幼林，有部分为渠道林，故选优应采用五株优势木比较法、绝对生长量法、标准差法及其相结合的方法进行。

6.4.3.1　五株优势木比较法

此法在翅荚木片林中选优较适用，为防止从不良群体中进行"矮子里面选高子"的情况发生，我们在利用五株优势木比较法的基础上加绝对生长量指标进行综合评价选优，取得了较好的选优效果。具体操作是：以预选优树为中心，在立地条件相当一致的半径20m范围内，选出仅次于预选优树的五株优势木，实测其胸径、树高、材积等生长量因子，并逐项填入优树调查登记表，最后通过计算，并根据规定的相对生长指标，绝对生长指标和优树形质等指标要求确定预选优树是否入选。

6.4.3.2　绝对生长量法

此法在翅荚木渠道林中选优较适用，预选优树符合所规定的年平均生长量指标和优树各项形质指标者，即可入选为优树。在渠道、行道树中，以优树为中点，向同行左右各取50～100m长度，在此范围内选出5株最大优势木，进行对比。在零星散生树木中，用绝对生长量指标，选优标准如下。

(1)树龄：4～20年生。

(2)生长量：树高、胸径分别比五株优势木大10%，材积大30%。

(3)绝对生长量：4～7年生，树高年平均生长量2.2m；8～20年生，树高大于16m。4～10年生，胸径年平均生长量大于2.2cm；11～20年生，年平均生长量大于2cm。

(4)形质指标：同优树的形质指标。

6.4.3.3　标准差法

此法适于在翅荚木幼林片林中选优，优良林分中出现优树群的情况下和各种对比试验林中，如(种源试验林)进行选优。具体操作分如下2种情况。

(1)林分中选优。以林分平均胸径加两个标准差为基准，若预选优树胸径大于平均胸径加两个标准差，且树高不低于该林分最高五株优势木的平均高，并符合所规定的形质等质量指标者，则入选为优树。

（2）各种对比试验林中选优。把经测定已入选的优良种源或优良家系等所在区组的各小区作为计算单位，经小区平均胸径和平均树高分别加上其相应标准差的一个标准，若都超过且符合所规定的质量标准者，则入选为优树。

6.4.3.4 综合评定

在一般情况下，候选树的多个性状都要符合要求才能入选，对多个性状的选择，目前经常采用的方法有下列3类。

（1）连续选择法。就是依此先对某一性状进行选择，再对第二个性状进行选择，然后对第三个性状进行选择，直至达到目的。由于树木世代长，按这种方法选择所需时间长，一般不宜采用，但在特定条件下，如当病虫害成灾，成为限制因子时，这种方法可以考虑。

（2）独立标准法。对所选择大树各项性状，都规定一个最低标准。只要有一个性状不够标准，不管其他性状如何优越，都不能入选。独立标准法实际上是规定一系列淘汰指标，逐项淘汰，只有各项措施指标都超过规定的指标，方能入选。这是优树评选中常用办法。只规定下限标准，工作简单易行，但缺点是会把只是某个性状达不到标准，而其他性状都优秀的个体淘汰，同时对超过标准的个体，不能作进一步的评比。

（3）评分法。评分法是目前最常用的方法。按这一方法，对树木的各选择性状的表现值划分为不同的级别，并根据性状的重要性给予一定分数，累加各性状的评分，就可以对选择植株作出总的评价。

6.4.4 优树材性选择

材性选择应在入选优树中进行，选择的主要指标有：木材基本密度、纤维形态、纤维素含量等。材性取样方法为：利用直径为8mm的生长锥在胸高处南北二个半径方向，取得由树皮到髓心的完整无疵木芯样。

6.4.4.1 木材基本密度的测定

试样（木芯样）以饱和水分的湿材制作，根据木材试样排开滴管中水分的体积确定木材饱和水分时的体积 V_{max}；再将样本用103 ±2 ℃的温度烘24h后，进行第1次试称，以后每隔2h测定1次，至最后两次重量之差不超过0.002g时，最后质量为试样全干质量 M_0。木材基本密度按下列公式计算：

$$P_r = M_0 / V_{max}$$

6.4.4.2 纤维长度与宽度的测定

先进行木材离析制样，即将试材（木芯样）劈成火柴秆大小，取5～10根放入试管中，注水淹没试材为度，将试管放在水浴锅中加热煮沸，排出试材中的空气，至试材下沉为止。将试管中的水倒出，注入30%的硝酸淹没该试材，微热至发出黄色气体，再加少许的氯酸钾，在酒精灯上煮沸，待试材膨大变白为止。该分离作用完成后，倒出药液，多次冲洗并煮沸，直至无酸性为止，注入少许水于试管中，用拇指按住试管口振荡之，木材细胞各自分离，成为离析木浆。在显微镜下用测微尺测定30根完整纤维的长度与宽度。将物镜标准测微尺置于载物台上，将目镜上部取下，装上目镜测微尺，再将取下部分装上旋紧。测量纤维时，显微镜中纤维长、宽所占刻度尺，乘以每格的标准长度，即为纤维实际长度和宽度。

6.4.4.3　纤维素含量的测定

采用硝酸乙醇法，即量取 800mL 95% 的乙醇于干的 1000mL 烧杯中，徐徐分次加入 200mL 硝酸，每次加入约 10mL，并用玻璃棒搅匀。精确称取 1g 试样（木芯样）于 250mL 锥形瓶中，加入上述配制好的硝酸乙醇混合液 25mL，装上回流冷凝器。在加热至沸腾的条件下处理无抽提物的植物纤维原料样品，使其中的木素变为硝化木素，并溶解于乙醇之中，所得残渣即为硝酸乙醇纤维素。

木材原料纤维素含量 = 烘干后残渣恒重(g)/绝干试样重(g)

6.4.4.4　入选标准

翅荚木纤维主要形态特征：导管平均弦径 184μm，木纤维平均长度 0.91 ~ 1.49mm，木纤维平均直径 15.0 ~ 18.0μm，长宽比 50.6 ~ 90.3。

6.4.5　优树子代测定

子代测定是指用不同亲本子代进行田间对比试验，并根据其性状表现，评价亲本遗传价值与遗传参数的试验研究工作。翅荚木子代测定工作起步较晚，其子代测定工作可参照国内较成熟的部分针叶树与阔叶树的子代测定的方法与程序。

6.4.5.1　采种及播种

采种前，根据种子需求量和林木结实量预测预报结果，并结合实地查看，确定当年采种林分的地点、面积和采种期。制定采种方案，内容包括确定采种方法、采种责任制以及有关采集、包装、临时贮存、运输、安全、劳动保护等所需人员、工具、物料、设施的准备。及时查看种子成熟过程，掌握种子成熟特征和脱落特性，公布采种期，严禁抢采掠青。组织培训采种人员进行采集。

采集种子时需注意如下事项：严格保护母树，不得伤毁树皮、树干、枝条和翌年成熟的幼果；采种应有可靠的安全防护措施，保障人身安全；采种现场应有技术人员或熟练工人对采种方法、采种质量、劳动组合、母树保护、人员安全进行检查指导。采得的果实在采集地点临时堆放，堆放不得过厚。应及时挂附采种临时标签，尽快运往调制场所进行调制。临时标签由采种现场负责人填写。

翅荚木播种一般采用条播，播种沟宽 12cm，行距 20cm，用模板压平播种沟，然后将种子均匀撒于播种沟内。种子发芽结束后，调查场圃发芽率。年底每木调查苗高。

6.4.5.2　苗期测定

用于测定的材料来源必须清楚，符合育种材料的选择要求。同一批试验林中的各种处理材料其繁殖方法、育种技术、苗龄及苗木规格要一致。并且子代测定需要严格的遗传对照和生产对照。进行无性繁殖的树种采用无性系测定。在群体或家系中选出的优良个体，应使用经过年幼化的穗条繁殖成无性系作试验材料，用被选群体混合无性系作对照，同时安排生产对照。

苗期测定的育苗地，要求立地条件及前茬一致，土壤和水肥等因子无显著差异。苗期测定采用随机区组设计，3 ~ 4 次重复。每个家系 20 ~ 30 株小区，每个无性系 10 ~ 20 株小区，株行距要求符合当地生产标准。四周设置保护畦或两行保护带。测定结果以小区平均值或以小区内个体作统计分析。

测定内容和要求如下：

(1) 测定苗木的生长量和生长节律、成活率和保存率、抗逆性、物候等。分析苗木生长量、生长型、适应性和抗逆性；

(2)家系侧重观测性状遗传及其差异；

(3)无性系侧重观测繁殖率、生长量、适应性和抗逆性。

6.4.5.3 造林测定

造林测定的测定林的立地条件及营林技术措施要求一致；测定林应采用随机区组设计或裂区设计。单点试验用于大量无性系筛选，设 3~5 次重复，2~4 株小区；3 处以上的多点试验包括地域差试验与立地差试验两类。家系测定 4~5 次重复，采用方形或矩形小区，每小区 9~25 株；无性系测定 4~6 次重复，每个无性系 20 株以上；试验林四周设计保护行；无性系测定林在试验期间一般不进行疏伐。个别需要疏伐的树种，增加 3 个重复用于疏伐试验；因培养材种需要保存一个轮伐期的，需要疏伐时应考虑疏伐后小区保留的株数和保持均匀密度。

根据测定目标和不同阶段要求进行观测。观测内容包括造林成活率、保存率、年终生长量与生长型、抗逆性、物候、形态、木材理化性质等。综合评定其收获量的生产率和遗传稳定性；无性系侧重评价生产力、抗逆性、基因型与环境交互作用。试验林缺株在造林后的两年内用同龄后备苗(幼龄树)补植，补植株在 3 年内不纳入统计分析。缺株小区估算用缺失数据补救公式计算。1 个试验林中缺区大于 20% 时不能估算遗传参数，缺失大于 40% 时试验林报废。

第7章 翅荚木种苗繁育

林木种苗是造林的基础，种苗质量又是保证造林质量的关键。翅荚木可作为速生原料林、生态公益林、风景林树种造林，数量充足、质量优良的苗木是保证造林绿化成功的先决条件。良种出壮苗，壮苗树速生。壮苗栽植后，扎根早，恢复快，生长速，对干旱、病虫害的抵抗力强，因而造林成活率高，幼林生长旺盛，所以培育优质壮苗是实现林木速生丰产的重要一环。翅荚木可以用种子繁殖，也可以扦插育苗，还可以通过组织培养快速繁育。容器育苗技术也已在翅荚木育苗中得到运用。下面结合我们近几年的研究试验情况，介绍翅荚木的良种繁育技术。

7.1 翅荚木播种育苗

7.1.1 种子采集与贮藏

翅荚木种子结果存在大小年现象。通常一个大年两个小年，小年时几乎不结果。采种时选择生长健壮、树干通直无病虫害的15~20年生成年母树采集种子。每年9~10月，当荚果由青变棕褐色时采收，晒干、打烂荚果，除去杂质。翅荚木种子一般是扁圆形，浅褐色，坚硬具有蜡质。种子可随采随播，也可干藏后播种，种子经过长期贮藏后发芽率会有所下降。试验发现，普通干藏12年的种子，56.77%种皮发红变质，不能发芽；43.23%外观青绿的种子中有60.80%可以发芽，种子整体发芽率仍达34.52%。苏冬梅试验表明(1991)，经室温贮藏1年的翅荚木种子，其活力变化不大，可以与当年采集的种子一样在生产中应用(表7.1)。唐文秀等(2003)认为采收后干藏3年的种子，其发芽率与新鲜的种子相差不多。

表7.1 贮藏时间对翅荚木种子发芽率和生理指标的影响(苏冬梅，1991)

Table 7.1 Influence of storage time on germination rate and physiological indices of *Z. insignis* seeds

采种时间	播种时间	发芽率(%)	发芽势(%)	发芽指数	活力指数	电导率(μs/cm)	氨基酸含量(O·D值)	脱氢酶活性(O·D值)
1986年	1989年	52	46	4.21	16.01	299	0.468	0.405
1987年	1989年	61	54	4.84	19.54	225	0.278	0.430
1988年	1989年	66	52	5.21	20.38	284	0.482	0.490

翅荚木种子千粒重因产地而异。产于贵州的种子较大，湖南和广东北部的种子较小，其中贵州兴义的种子高度、宽度及种子千粒重显著大于其他地区的种子。贵州兴义的种子高0.66cm，是其他种子的1.12~1.32倍；种子宽0.60cm，是其他种子1.07~1.18倍；种子千粒重61.8g，是其他种子的1.25~1.73倍。而最小的是广东翁源的种子，其千粒重35.8g。

陈永密等(1989)认为翅荚木种子千粒重为40～50g，每千克种子2.0万～2.5万粒，纯度90%，实验室发芽率85%～90%，场圃发芽率70%左右，隔年贮藏后，场圃发芽率降至60%左右，3年后实验室发芽率降至37%，5年后，继续降至26%左右。理论用种量为15kg·hm^{-2}，而生产实践上播种量为25～30kg·hm^{-2}，产苗量为12万～15万株·hm^{-2}。

7.1.2 播种时间

育苗要根据所育树种的生物学特性及当地气候、土壤条件，确定适当的播种期。适时播种能多快好省地培育壮苗。

7.1.2.1 春播

大多数种子适宜春播。一般而言，春播宜早，早春播下的种子，幼苗早出土，发芽整齐，生长健壮，可在炎热的夏天到来以前完成木质化，增强苗木抗病和抗旱能力。翅荚木在3月上、中旬播种，可以减少猝倒病的发生。根据在浙江省丽水市莲都区播种试验，翅荚木种子2月中旬播种，其出苗所需时间约为19d，发芽率只有12.0%，而随着播种时间的延迟，出苗所需时间也逐渐缩短，发芽率也明显提高。5月上旬播种只需7d出苗时间，发芽率达到76.0%。说明2～3月中旬气温低且不稳定，翅荚木幼苗怕寒冻，影响种子出苗。卢又伟等(1989)的研究也认为，翅荚木的种子随着温度的升高，开始发芽天数减少，发芽势增强，发芽率增大。因此，在湖南、江西、浙江等地翅荚木春季播种时间可以适当推迟，以3月下旬至5月上旬期间为宜。过迟播种则影响苗木生长量和苗木的木质化，进而影响苗木越冬。

表7.2 翅荚木不同播种时间的发芽情况(浙江省丽水市莲都区)

Table 7.2 Germination status of *Z. insignis* seeds at different sowingtime in Liandu district, Lishui, Zhejiang

播种日期	2月14日	3月23日	5月2日
出苗日期	3月3日	4月6日	5月9日
出苗时间	17d	14d	7d
场圃发芽率	12.0%	60.8%	76.0%

7.1.2.2 秋播

秋天是很多树木的种子成熟季节，将成熟后的种子立即播种，也是符合自然规律的。秋播可以减少种子贮藏的工序，到第二年春天，秋播种子发芽早，出土整齐，成苗率高，苗木生长期长，生长也比较健壮。对翅荚木而言，可以采取“秋育春造”，秋季播种后，尤其经过浸种催芽的种子，会很快出苗，一般7d之内就可长到0～15cm高，根径可达3～4mm粗，到冬天还未落叶和木质化，所以，必须用塑料薄膜覆盖保暖，免受冻害，到翌春可用小苗(百日苗)上山造林。用此种苗木造林，起苗时苗小伤根少，便于运输，栽植后，不易挡风动摇，因而造林后，容易成活，生长良好。

翅荚木秋季播种育苗，育苗时间短，苗木大小均匀，单位面积出圃苗多，可以克服春季播种生长迅速、苗木个体分化严重、单位出圃苗少等问题，降低生产成本，在广东省阳江、连山、翁源等地生产上大量运用(唐兰芳等，1999)。如果种子在8月中旬播种完毕，播种后3～5d即开始发芽出土，7d左右即可出齐，通过精心管理，当年冬季苗高度

0.8m，地径 0.6cm，即可出圃造林，一般每公顷合格的出苗量可达到 13 万株。

7.1.3 苗圃地选择与整地

翅荚木苗圃地应选在地势较为平缓、阳光充足、排灌方便、土层深厚肥沃、中性砂质土壤、近造林地的地方，忌选低洼地作为苗圃。如选生荒地作苗圃时，须先清除杂灌木。整地时间宜在播种前 1~2 个月进行，以促进土壤熟化。为了减少病虫害的发生，要进行土壤消毒，翻土前每公顷施过磷酸钙 2250kg、生石灰 45kg，犁耙时翻入土中，使过磷酸钙、生石灰与土壤混合均匀。如条件许可，起畦时施经过腐熟的土杂肥900kg · hm^{-2}。深耕约 25cm，土壤要充分打碎，并捡净草根和石块。苗床宽 1m，高 0.25m，步道宽 0.4m，苗床长随地形而定，床面要求平整无积水。

7.1.4 种子催芽与播种

7.1.4.1 种子处理

翅荚木种子表面具有蜡质层，不易吸水，播种前须经过处理。主要有以下 3 种方法：

(1)浓硫酸拌种。一般用 98% 浓硫酸拌种，方法是将种子置于小塑料盆内，倒入少许浓硫酸，以种子全都被硫酸浸湿为宜，用木棒搅拌 10 ~ 13min 后，立即放入盛满清水的桶里，反复冲洗 4 ~ 5 次，直至把硫酸冲洗干净，再用 40 ~ 50℃ 的温水浸泡 12h 让种子吸水膨胀。用此方法处理后种子吸水膨胀均匀，播种后种子发芽整齐。

(2)热水浸种。可用 80 ~ 90℃ 的热水浸种，种子和水的体积比例是 1∶3，先将种子置于桶内，然后倒入热水，用木棒搅拌，使种子受热均匀，然后让其自然冷却，浸泡 12h 后种子吸水膨胀。此方法处理种子吸水膨胀不均匀，特别是种子较少时，未吸胀水的种子占很大比例，此时，要把未吸胀水的种子重复浸泡热水，直至种子全部吸胀水为止。

(3)药剂浸种。苏冬梅(2008)的试验结果表明采用 20% 聚乙二醇(PEG)渗透调节处理能显著提高翅荚木种子的活力。陈永密(1995)的试验结果表明用一定浓度的尿素浸种适当的时间能提高种皮透水透气性，从而提高了种子的吸水量和呼吸代谢，有利于种子萌发，并且经尿素溶液浸过的种子，其幼根胚根长，生长迅速，健壮，子叶浓绿，长势喜人。

7.1.4.2 催芽

处理后的种子即可以进行催芽播种。捞出吸水膨胀的种子装在网袋里滴干水。将湿毛巾铺在竹筐内(或底及侧面均有小孔的塑料筛内)，把种子均匀地摊在湿毛巾上，再在种子上盖一层湿毛巾，置于 25 ~ 30℃ 的温室进行催芽，若室内温度小于 25℃，最好能放入恒温箱里，把温度调到 30℃，12h 后 70% ~ 80% 的种子裂口露白时即可播种。

7.1.4.3 播种

在生产上常采用的播种方式有 3 种：撒播、条播和点播。但翅荚木的播种主要是采用条播法。

条播是按一定的行距开沟播种，把种子均匀地播在沟内。此法的优点是用总量较省，便于中耕除草，苗木生长也比较健壮。具体做法是：在苗床上按一定距离横向开沟，使播种行通直；开沟时，沟底要整平，沟距要整齐；播种要均匀；条播的播幅宽度一般为 5cm 左右，1m 播种沟长度上一般播 10 粒经过浸种催芽的种子。粒间距为 10cm，在播种沟内用手点播，这样播种均匀一致，出苗也整齐。覆土厚度要根据当地的土壤、气候、播种时间条件等不同而区别，比如黏重的土壤，种子发芽出土困难，覆土厚度可较疏松土壤薄些，在干旱地区，为了保持土壤水分，覆盖的泥土应比湿润地区的要厚些，播种后不盖草的较盖草的要厚些等。覆土材料可用火烧土、黄心土、潮泥砂或无病虫害和草籽的肥土覆盖。覆土厚度一般为种子短轴直径的2~3倍，为1cm左右，过厚过薄都不合适。过厚则土壤通气不良，土温较低，种子发芽时间长，消耗种子养分多，发芽后难于顶出土面。覆土过薄时，种子容易暴露，受风吹日晒，得不到发芽所必须的水分，且易遭受鸟兽虫的危害。

7.1.5 苗期管理

(1)水分管理。种子发芽前，保持苗床的湿润是翅荚木种子生根发芽出土的必备条件。播种后如连续10天不下雨，应灌水一次，灌水深度以漫过床面为宜。

(2)松土锄草。松土锄草应在雨后进行，行内一般不需要松土，锄草、拔草后应浇水，使松动的苗木紧实，以免造成幼苗死亡。

(3)施肥管理。苗木出土后7天左右，在阴天或傍晚时用0.1%的尿素溶液喷施。根据苗木出土时间的长短，幼苗木质化后，根外施肥量逐渐增加，一般施尿素60kg · hm^{-2}。苗高10cm左右时进行间苗定植，控制出苗量为18万~22.5万株 · hm^{-2}。

7.2 翅荚木扦插育苗

扦插繁殖是林木保持良种遗传性状的有效途经，是良种繁育生产的重要方式。翅荚木主要采用硬枝扦插。此法简单易行，扦插得法则成活率较高，生长迅速，管理方便，还能保证优良无性系的性状遗传，是解决翅荚木种源奇缺、迅速繁殖的重要方法。

7.2.1 扦插育苗技术关键

(1)插穗质量。决定插穗质量的因素主要有母树的遗传特性、插穗的发育阶段、插穗的木质化程度、芽的完好程度、插穗和母株的健康状况。

(2)插穗规格。扦插育苗初期，插穗依靠自身所贮养分和水分生活，只有生根、发芽、放叶后，才能逐步达到养分储备和消耗之间的平衡，所以插穗要达到一定规格才能使用。插穗长度一般应在8~10cm以上，直径1~1.5cm即可。

(3)采穗时间。可分为2种，一种是春采，即在春天到来时，插穗枝条萌动前，随采、随剪、随插。另一种是在秋季落叶后采条，经冬贮可促进切口形成愈伤组织，插穗软化，有利于插穗生根。

(4)剪穗技术。应用锋利的枝剪或其他专用刀具如小钢锯等截条，保证切口平滑。插穗上切口取在一个壮芽上端的1cm处，下切口应选在一个芽的基部，插穗上切口平截，下切口剪成斜面。

(5)扦插时间。冬季气候温和、湿润的地方宜秋插。苗木落叶后即可随截条随扦插。这时地温尚高，可刺激插穗发出新根或可迅速形成愈伤组织。秋季扦插育出的苗木比次春扦插的苗木生长量要大，苗木要健壮，木质化程度要高，但要做好冬季防冻措施。春季扦插要掌握好时机，扦插太早则土壤温度尚低，扦插太迟则芽已开始萌动，影响成活，所以应掌握在芽开始萌动前扦插。

(6)扦插方法。扦插前应将插穗在流水中浸24h，使它吸足水分，增强插穗抗旱能力。扦插方法可分为直插与斜插2种，陈永密(1989)主张直插为好，因直插萌芽直，与原插穗愈合好，同时入土较深，抗旱力较强；斜插则相反。如遇土壤黏重、插穗偏长或地温过低，也可斜插。

(7)扦插密度。扦插密度取决于树种插穗萌芽生长的速度、培育苗木的种类、规格要求、圃地气候土壤条件及经营水平等。扦插密度太大，单位面积上长苗量虽多，但苗木生长纤细，高径比不对称，合格苗木较少，栽植后易于风倒、风折，成活率低。扦插密度太稀，苗木生长粗壮，高径比正常或偏大，栽植后不易风倒、风折，成活率高，但单位面积产苗量低，经营苗圃的经济效益较差，恢复一致较慢，因此，必须两者兼顾。

(8)扦插深度。插穗扦插的深度取决于插穗的长度、土层深度，一般以上端露出土面一芽为原则。插穗露出土面愈长，易于干燥，入土较浅，吸湿程度较差。因此，应露出土面一芽为好。插穗太长，入土太深时，因深层土壤养分少，又因翅荚木插穗属愈合组织生根类型，根有趋肥性，太深时，根萌发后，有弯曲向上生长趋肥的现象。

(9)抚育管理。扦插成活率的高低，生根的快慢、多少、生长速度，一般取决于土壤的水分、温度、通气、树种生物学特性及土壤肥力的好坏等。在插穗萌芽生根期中尤其要保证水分的供应。成活后还需要进行抹芽管理。在苗木整个生长期间，尤其是在未郁闭前要注意中耕、除草、施肥等工作。除草要除早、除小、除了，施肥则是少量多次，因苗因地制宜。

7.2.2 影响扦插成活率的因子

为了研究基质、激素、设施等对翅荚木扦插成活率的影响，我们选取1年生翅荚木实生苗中下部枝条作扦穗，采用$L_9(3^4)$正交试验设计进行扦插试验。每处理50枝，重复2次。其中基质因子(A)分别采用蛭石(A1)、细沙(A2)、稻田土(A3)；激素因子(B)分ABT生根粉快浸(B1)(用500mg/1kg水的浓度浸2min)、慢浸(B2)(用100mg/1kg水的浓度浸22h)、不浸(B3)；设施因子(C)分覆盖薄膜(C1)、覆盖薄膜且加盖50%透光率荫网(C2)、覆盖50%透光率荫网(C3)。插穗长12~15cm，每插穗具芽至少2个以上，将插穗切口剪成上平下斜。扦插时间为2008年3月20日，扦插间距15cm×15cm。苗木扦插后定期喷水，并及时进行杂草拔除和施肥等管理。成活后至秋天分别统计成活率，进行比较分析。

试验表明，不同的处理方法对扦插成活率有较大的影响，其中不同基质和不同设施条件对扦插的影响达到极显著差异。结果见表7.3。

表7.3 不同处理对翅荚木扦插成活率的影响

Table 7.3 Effect of different treatment on survival rate of cutting propagation of *Z. insignis*

基质(处理A)	扦插成活率	激素(处理B)	扦插成活率	设施(处理C)	扦插成活率
A1	45.33% bB	B1	58.00% aA	C1	36.67% bB
A2	55.67% bAB	B2	61.67% aA	C2	69.33% aA
A3	81.67% aA	B3	63.00% aA	C3	76.67% aA

注：*LSD*法多重比较结果以字母标记表示，小写字母标记5%显著水平，大写字母标记1%极显著水平。

由表7.3可以看出，采用基质扦插，以稻田土最佳，稻田土与细沙之间存在显著差异，稻田土与蛭石存在极显著差异；激素扦插无明显差异；采用设施扦插，加盖荫网对扦插成活率有明显提高，加盖50%透光率荫网，覆盖薄膜且加盖50%透光率荫网与纯粹覆盖薄膜具有显著差异。

潘月芳等(2006)在广西也进行了不同扦插基质、促根剂及浓度对任豆插条生根率和生根数影响的研究。结果表明，扦插基质和促根剂对生根率和生根数都有一定影响，但影响没有达到极显著水平，与在浙江的试验情况基本一致。不同月份扦插试验表明，扦插时间对生根率的影响较大，同样的处理8月份扦插生根率仅有27.5%，10~11月份扦插生根率为70%~80%，12月份和翌年2月份扦插生根率可达90%左右，可见早春是翅荚木大田硬枝扦插繁殖的适宜季节。

由此可见，翅荚木在生产上扦插繁殖可以直接在前作为水稻、排水灌溉条件良好的田地里扦插，生根之前加盖遮荫网即可，插穗不需要经过激素处理，仍然具有较高的成活率。

7.3 翅荚木组织培养

利用组织培养的方法培育苗木，具有繁殖快、繁殖系数高、可进行大面积工厂化育苗等优点，尤其在快速繁殖优良品种或无性系等方面具有独特的优势。翅荚木是我国重点保护植物，能在石灰岩风化发育的酸性土壤和赤红壤上生长，目前濒临灭绝，然而它的种子极少，插条繁殖率不高，因此，可以通过组培快繁来满足生产上的需求及大规模造林。我国关于翅荚木组织培养的研究开展时间较短，自20世纪90年代以来，湖南林业专科学校等单位才相继开展了组织培养诱导植株再生的研究，均取得良好的效果。

7.3.1 植物组织培养

7.3.1.1 植物组织培养定义及原理

植物组织培养是指在无菌条件下，将离体的植物器官(根、茎、叶、花、果实等)、组织(如花药组织、形成层、胚珠、胚乳、皮层等)、细胞(体细胞和生殖细胞花粉等)以及原生质体，培养在人工配制的培养基上，给予适当的培养条件(含有营养物质和植物生长调节物质等)，使其长成完整的植株，统称为植物组织培养。

植物组织培养的理论依据是植物细胞具有全能性。即植物体任何一个细胞都携带着一套发育成完整植株的全部遗传信息，在离体培养情况下，这些信息可以表达，产生出完整植株。

7.3.1.2 植物组织培养的特点

(1)研究材料来源单一，无性系遗传背景一致。在生物学研究中，试验材料的遗传性是否相一致，是至关重要的因素，否则试验结果是没有意义的。在植物组织培养中这是很容易解决的问题。培养中可获得各种水平的无性系，即克隆，如细胞，组织块，器官或小植株。这些材料均来自单一的个体，遗传性非常一致，将它们用于试验，可避免许多误差，试材纯度很高，可以减少试验的重复而又不影响试验的精确度。

(2)经济方便效率高。试验微型化、精密化，节约人力物力，方便管理。比田间试验、盆栽、水培、沙培试验都精细得多，还避免了其他生物尤其是微生物等的干扰。工作效率提高，一个人可同时做多项试验。

(3)管理方便，利于自动化控制。植物组织培养是在一定场所，人为提供一定的温度、光照、湿度、营养、激素等条件，进行高度集约化、高密度的科学培养生产，比盆栽、田间栽培繁殖省去了中耕除草、浇水施肥、病虫防治等繁杂劳动，大大节省人力、物力及土地，可通过仪器仪表进行自动化控制，利于工厂化生产。

(4)培养条件可人为控制。植物组织培养中植物材料完全是在人为提供的培养基质及小气候环境条件下进行生长的，摆脱了大自然中四季、昼夜气候的频繁变化以及不时受灾害性气候影响，有利于植物生长，便于稳定地进行周年培养生产。培养基中各种成分，环境条件的温度、光强、光质、光周期、变温处理等，完全可控，试验处理易于安排调配，处理间误差很小。

(5)生长快、周期短、重复性强。这是因为营养及外在条件优良，试验结果重复性很高，提高了结论的可信程度。

(6)可进行周年试验或生产。植物组织培养可人为控制培养条件。根据不同植物、不同离体部位的要求，提供不同的培养条件。不受季节限制，可全年连续试验或生产，生长周期短，繁殖率高。因此生长快，往往1~2月就可完成一个生长周期。所以，虽然需要一定的设备及能源消耗，但由于植物材料能按几何级数大量繁殖生产，总的来说还是成本低，利于生产应用，能及时提供规格整齐一致的优质无毒种苗。但组织培养也有自身的局限性，不能代替田间生产性能试验，大的生态环境因素试验，整体或群体效果试验等。

(7)组织细胞培养即可再生植株。这在研究上有重大价值。在生产实践中，以茎尖、根、茎、叶、子叶、下胚轴、花芽、花瓣等作材料进行器官培养时，只需几毫米甚至不到1mm大小的材料。由于取材少，培养效果好，对于新品种的推广和良种复壮更新，都有重大的实践意义。

7.3.2 培养基的成分与配制

7.3.2.1 培养基的主要成分

(1)水。培养基大部分是水。配制培养基时一般用蒸馏水或双蒸馏水(蒸馏水再蒸馏1次)，使水中不含或少含某些离子，保证培养基中成分完全人为控制。

(2)无机盐。即氮、磷、钾、钙、镁、硫等元素。其中氮是培养基中大量需要的元素。在MS培养基中，以铵态氮的含量为主。磷是生物必需的一种元素，也是能源ATP合成不可缺少的，在培养基中以磷酸根(PO_4^{2-})的形式添加。另外，钾、钙、镁、硫等元素，也是植物生长所必需的，这些元素缺乏时会产生缺素症，影响酶的活性和代谢。

(3)微量元素。微量元素是植物生命活动不可缺少的，如镁在合成叶绿素中起重要作用，是植物生长不可缺少的金属元素，缺镁会影响叶绿素的合成。缺铁会影响到胚的发育，阻碍子叶变绿。铁盐[$Fe_2(SO_4)_3$和$FeCl_2$]在氢离子浓度6309nmol · L^{-1}以下(pH5.2以下)常成$Fe(OH)_2$的不溶性沉淀，所以常用以$FeSO_4 \cdot 7H_2O$、Na_2EDTA(依地酸钠)结合成的螯合铁。此外，锰、铜、钼、锌是植物生长所需要的微量元素，在MS培养基中经常使用。

(4)有机化合物。①糖：在各种培养基中几乎都要加入糖作为碳源，为细胞提供合成新物质的原料，为细胞呼吸代谢提供底物与能源。同时糖的浓度对调节培养基的渗透压有一定作用。培养基中最常用的是蔗糖，其含量为2%~3%。②植物激素：是植物生命活动中不可缺少的物质，它能促进细胞的分裂生长及诱导器官的分化。组织培养中应用较多的植物激素有吲哚乙酸(IAA)、吲哚丁酸(IBA)、萘乙酸(NAA)、2,4-二氯萘氧乙酸(2,4-D)、6-苄基氨基嘌呤(6-BA)等。③维生素：植物组织培养中经常使用的，有维生素 B_1(盐酸硫胺素)、维生素 B_6(盐酸吡哆醇)、生物素(VB_7)、烟酸(Vpp)、叶酸(VB_{11})等。使用的质量浓度一般为 0.1 ~ 0.5 $mg \cdot L^{-1}$。④肌醇(环乙六醇)：对组织和细胞的繁殖量、分化有促进作用，是细胞壁的构建材料，还可以增强愈伤组织的生长。使用浓度一般为 100 $mg \cdot L^{-1}$。⑤培养基的支持物：在 MS 培养基中，最常用的凝固剂是琼脂。加入琼脂后，可使液体培养成为固体培养基。常用量为 0.7% ~ 0.8%。加量太多，培养基就过硬，使材料不能很好地与培养基结合，也易使材料干燥枯死；用量太少，培养基就太软，使材料在培养基中不稳定，甚至下沉，被培养基淹没而死。

7.3.2.2 培养基的制备过程

(1)母液及激素的配制和保存。培养基需经常配制。为了减少工作量和便于低温贮藏，一般配成比所需浓度高 10 ~ 100 倍的母液，配制培养基时只要按比例量取即可。

母液的配制是按所使用药品的类别，分别配成大量元素、微量元素和维生素的高浓度液体。配制母液时要注意：①过高的浓度和不恰当的混合会引起沉淀，影响培养基效果。因此，应按照药品的种类、性质分别配制，单独保存或几种单独保存。②配制母液要用蒸馏水等纯度较高的水。药品要用等级较高的化学纯或分析纯，药品的称量及定溶都要准确。各种药品先加入少量水让其充分溶解，然后依次混合。例如 MS 培养基，根据各药品的特点，母液可配成以下几种：

1000mL(10 倍液)大量元素母液：$CaCl_2 \cdot 2H_2O$(440 $mg \cdot L^{-1}$)，称取 4400 mg；KNO_3(1990 $mg \cdot L^{-1}$)，称取 19900mg；$MgSO_4 \cdot 7H_2O$(370 $mg \cdot L^{-1}$)，称取 3700mg；NH_4NO_3(1650 $mg \cdot L^{-1}$)，称取 16500 mg；KH_2PO_4(170 $mg \cdot L^{-1}$)，称取 1700 mg，每配制培养基 1000mL，可取母液 100mL。

500mL(50 倍液)微量元素母液：$MnSO_4 \cdot 4H_2O$(22.3 $mg \cdot L^{-1}$)，称取 1115 mg；$ZnSO_4 \cdot 7H_2O$ (8.6 $mg \cdot L^{-1}$)，称取 430 mg.；H_3BO_3(H_2BO_2)(6.2 $mg \cdot L^{-1}$)，称取 310 mg；KI(0.83 $mg \cdot L^{-1}$)，称取 41.5 mg；$CuSO_4 \cdot 5H_2O$(0.025 $mg \cdot L^{-1}$)，称取 1.25 mg；$Na_2MoO_4 \cdot 2H_2O$(0.25 $mg \cdot L^{-1}$)，称取 12.5 mg；$CoCl_2 \cdot 6H_2O$(0.25 $mg \cdot L^{-1}$)，称取 12.5 mg，每配制培养基 1000mL，取其母液 10mL。

500mL(50 倍液)铁盐母液：$FeSO_4 \cdot 7H_2O$(27.8 $mg \cdot L^{-1}$)，称取 1390mL；Na_2EDTA $\cdot 2H_2O$(3.7 $mg \cdot L^{-1}$)，称取 1865 mg，每配制培养基 1000mL，取其母液 10mL。

500mL(50 倍液)有机生长物质(成分)母液：甘氨酸(2 $mg \cdot L^{-1}$)，称取 100mg；盐酸硫胺素(VB_1)(0.4 $mg \cdot L^{-1}$)，称取 20mg；盐酸吡哆素(醇)(VB_6)(0.5 $mg \cdot L^{-1}$)，称取 25mg；烟酸(Vpp)(0.5 $mg \cdot L^{-1}$)，称取 25mL；肌醇(100 $mg \cdot L^{-1}$)，称取 5000mg，每配制培养基 1000mL，取其母液 10mL。

如用少量时，上述大量元素母液、微量元素母液、有机生长物质(成分)母液也可配制 100ml；如用量多时，大量元素母液可配制 5000ml。

激素溶液的配制(即生长调节物质)：常用的激素有 IAA、NAA、IBA、2,4-D、BA、2T(玉米素)等。在实验室配制的浓度，一般为 0.1 $mg \cdot L^{-1}$或 0.5 $mg \cdot L^{-1}$。配制方法：称取 5 mg 的溶质(即所需激素)定溶于 50ml 的蒸馏水中，便得到 0.1 $mg \cdot L^{-1}$的溶液。

在上述配制好的母液及生长调节物质(激素)溶液的容器瓶上，要分别贴好标签，注明母液及激素的名称、配制倍数(或浓度)、配制日期及配1L培养基时应取的量，然后可贮存在冰箱里备用，冰箱温度调至1~4℃。在低温时，可以保存几个月，如发现霉菌和产生沉淀就不能使用。

(2)培养基的配制。配制培养基时要预先做好各种准备。一般分为培养基的配制、氢离子浓度(酸碱度)的调整、培养基的分装及消毒灭菌等步骤。

配制培养基时要预先作好各种准备。首先，将贮存的母液及所用激素按顺序排好，并准备好所需要的各种玻璃仪器、量筒、烧杯、吸管、玻璃棒、漏斗等，放在固定的地方，便于使用。称好所需的琼脂、蔗糖，准备好蒸馏水及培养瓶(一般用50~100ml的三角瓶)、棉塞、报纸、橡皮、绳子等。琼脂比较难溶解，应先放于烧杯或其他器皿中加入所需体积1/2的蒸馏水，加热煮沸搅拌使之溶解。琼脂溶解后，再加入蔗糖，然后按母液顺序，依母液浓度量取规定的量依次倒入量筒中，混合均匀，倒入已溶解的琼脂中，继续搅拌，再加蒸馏水定溶到所需体积。经过用pH试纸调整氢离子浓度达到1585nmol·L^{-1}(pH5.8)，趁热分装，装入50~100ml的三角瓶中，盖上棉塞，包纸后再用橡皮筋捆扎，并在报纸上写上培养基的名称或代号，随后进行高压灭菌。这样，MS培养基就配制完毕，放在低温干净的条件下贮存备用。一般可以保存2周到1个月。

MS培养基是植物组织培养中用得最多的基本培养基。根据培养不同的植物的需要，还要加入不同量的、不同浓度和不同种类的激素，以促进植物细胞的分化与生根。加入激素的方法是：在配制MS培养基过程中，加蒸馏水定容到所需体积时，先不调整氢离子浓度。经过计算，将需加入的激素按一定量的浓度配比用吸管吸入，再滴入所需体积的MS培养基中，充分搅拌后再调整氢离子浓度。然后分装，高压灭菌。调整氢离子浓度一般在消毒灭菌前进行，使氢离子浓度保持在1000~3981 nmol·L^{-1}(pH5.4~6.0)为好，过高过低都会影响到琼脂培养基的凝固。

培养基分装时要掌握好分装量，太多浪费培养基，而且缩小了培养材料的生长空间；太少影响生长，一般占试管、三角瓶等培养容器的1/4~1/3为宜。分装应趁热进行，不要把培养基沾到瓶口壁上，否则杂菌容易侵入，污染培养基。分装后马上盖上盖子。

一般采用高压蒸气锅在0.15MPa压力下蒸15~20min。在培养基消毒灭菌时，可把接种植物材料用的蒸馏水盛入三角瓶中，用棉塞塞紧，牛皮纸包裹瓶口，再用橡皮筋捆扎，将镊子、剪刀、刀子等用具用布垫包裹或放入铝制饭盒中，与培养基一起放入高压锅中消毒。培养基消毒后取出放入搪瓷盘中，将盘子放在平坦的桌面上，让培养基冷却、凝固。为了证明消毒、灭菌成功，可以将培养基放入培养室进行3d预培养，若无污染反应，可以使用。用具放入低温干净的容器内贮存。量少时放入0~4℃的冰箱里。可贮存较长的时间。

培养基配制过程中，所用的玻璃器皿要洗涤干净。试管、三角瓶等器皿可先用清水冲洗，再浸入洗衣粉中浸泡，用刷子内外刷洗、冲净，再用蒸馏水冲洗1~2次，可以放入150℃的烘箱中，干热灭菌1h后备用。也可以倒立于实验台上，待水分滴干后放入干净容器中备用，吸管、量筒等难以洗涤的要先放入洗液中浸泡2h，再用清水冲洗。

7.3.3 翅荚木无菌培养的建立

7.3.3.1 外植体选择与消毒

(1)外植体的选择。翅荚木组织培养的外植体可选用顶芽、腋芽、下胚轴、一年生枝条的切段等，尤以下胚轴、顶芽等最为常用，将其分别在适宜培养基中培养，外植体均能诱导产生愈伤组织。

(2)外植体的消毒。外植体消毒的目的，是为了保证无菌组织培养的顺利进行。但从不同植物材料及不同部位所取的外植体的特点不同，所用的消毒液的浓度也不同，故必须进行对比实验研究，以达到最佳的消毒效果，既能消灭培养材料上的病菌，又不损伤或只轻微损伤组织材料，不致影响其外植体的生长。

邱运亮在实验中摸索出翅荚木外植体的消毒方法。具体过程如下：将翅荚木种子置于烧杯中，用一层纱布将杯口封好，加冷开水浸泡 8～11h，置 75% 酒精中浸 30 s；倒去乙醇后，再用0.1% $HgCl_2$溶液浸泡 10 min；倾去 $HgCl_2$液，用无菌水冲洗 4～5 次；然后用无菌滤纸吸干水，接种于 7～8g・L^{-1}琼脂粉培养基上，7～9d 可生出 2～3cm 高的无菌苗；以腋芽为外植体，首先从园内选择生长健壮的当年生枝条，将叶除掉，在超净工作台上，经常规消毒后，便可取腋芽接种于备好的培养基上。

7.3.3.2　培养条件

外植体接种到初代培养基 MS + 6－BA 0.5～1.0 mg・L^{-1} +IBA 0.05～0.50 mg・L^{-1}上后，置于 25±2 ℃，光照时间 12 h・d^{-1}，光照强度 2000LX 条件下培养。

7.3.4　翅荚木诱导外植体生长与分化

7.3.4.1　愈伤组织的诱导

将选择并经消毒灭菌处理的翅荚木外植体，例如幼苗的顶芽、下胚轴上段及一年生枝条的切段等，接种在 MS + 6－BA 0.5～1.0 mg・L^{-1} +IBA 0.05～0.50 mg・L^{-1}中，经 20d 左右，愈伤组织已有蚕豆大小，其诱导率可达 100%；下胚轴中段愈伤组织诱导率可达 80% 以上。将已形成的愈伤组织切成小块，经多次转管培养，其生长势头不减。

7.3.4.2　不定芽的分化

袁德义等人(2007)在实验中观察到，外植体经 25d 左右可形成 1 个或多个无菌芽，也可经愈伤组织再分化芽。结果表明(表 7.4)，在 MS +6－BA 1.0 mg・L^{-1} +IBA 0.05 mg・L^{-1}中，芽分化率最高，为 83.3%，腋芽产生的无菌芽数也较多，故确定翅荚木的初代培养基为 MS +6－BA 1.0 mg・L^{-1} +IBA 0.05 mg・L^{-1}。

表 7.4　不同培养基对翅荚木腋芽形成芽的能力的影响

Table 7.4　Effect of different media on initial culture of *Z. insignis* axillary bud

序号	培养基	产生芽个数(个)	无菌芽总数(个)	芽分化率(%)
1号	MS +6－BA0.5 +IBA0.05	11	45	36.7
2号	MS +6－BA0.5 +IBA0.10	13	60	43.3
3号	MS +6－BA0.5 +IBA0.50	10	43	33.3
4号	MS +6－BA1.0 +IBA0.05	25	151	83.3
5号	MS +6－BA1.0 +IBA0.10	14	88	46.7
6号	MS +6－BA1.0 +IBA0.50	15	112	50
7号	MS +6－BA1.5 +IBA0.05	19	126	63.3
8号	MS +6－BA1.5 +IBA0.10	20	133	66.7
9号	MS +6－BA1.5 +IBA0.50	18	119	60

注：每种培养基接种芽 30 个，在 25～26℃下培养 20～25d 左右，重复 3 次。

7.3.5　翅荚木继代增殖培养

将初代培养得到的无菌芽切去嫩茎的顶端后，切成长 10mm 左右带有 2 个腋芽的茎段，转接到 MS +6 – BA 1.0 mg · L^{-1} + IBA 0.1 mg · L^{-1}；MS +6 – BA 1.0 mg · L^{-1} + NAA 0.1 ~ 0.2 mg · L^{-1}；MS +6 – BA 1.0 mg · L^{-1} + KT 0.5 mg · L^{-1} + IBA 0.1 mg · L^{-1}的培养基上，结果表明(表 7.5)，芽的增殖倍数与生长情况取决于激素的相对浓度和比例。在试验中发现，在加有 KT0.5 mg · L^{-1}的培养基中，继代效果好，增殖系数大，试管苗也较粗壮。故确定翅荚木的继代培养基为 MS +6 – BA 0.5 mg · L^{-1} + IBA 0.1 mg · L^{-1} + KT0.5 mg · L^{-1}。

表 7.5　不同培养基对翅荚木无菌苗继代增殖的影响

Table 7.5　Effect of different cultures on *Z. insignis* proliferate multiple

序号	培养基	从生芽个数(个)	从生芽率(%)	芽增殖系数	生长情况
1 号	MS +6 – BA1.0 + IBA0.1	30	100%	2.7	芽较细
2 号	MS +6 – BA1.0 + IBA0.05	30	100%	3.9	芽较细
3 号	MS +6 – BA1.0 + NAA0.1	30	100%	4.8	芽较细
4 号	MS +6 – BA0.5 + IBA0.1 + KT0.5	30	100%	5.9	芽粗壮，有效芽多

注：①接种个数均为 30 个；②芽增殖系数 = 形成的芽数/接种无菌苗段数；③培养时间为 30d，温度为 25 ± 2℃，重复 3 次。

芽的增殖速度是试管苗快速繁殖中最重要的一环，繁殖速度快在生产实践中才具有很强的应用价值；继代培养是快速获得大量试管苗的关键，经试验发现，在继代培养接种过程中，切除嫩茎的顶端，有利嫩芽的增殖；在最初转入继代时，芽增殖系数低，随着继代次数的增加，芽增殖系数也会逐渐增大，继代培养在 25℃条件下，20 ~ 25d 转接 1 次。

7.3.6　翅荚木壮苗与生根

邱云亮(2000)研究了几种植物生长调节剂对翅荚木试管苗生根的效应。研究表明，翅荚木试管苗在 1/2MS、1/2MS + IBA 0.01 ~ 1.5 mg · L^{-1}、1/2MS + ABT(生根粉 10 号) 0.5 ~ 2.5 mg · L^{-1}培养基中均生根，在不加激素的 1/2MS 培养基中，促进了苗的生长；但生根率随所添加的 IBA 浓度增大而降低，并诱导愈伤组织的产生；在添加 ABT 的培养基中，可提高根的诱导率，却明显抑制苗的生长。IBA、ABA、GA 配比适量既促进了苗的生长，又抑制了愈伤组织的产生，使植株形态正常(表 7.6)。

表 7.6　不同生长调节剂配比对翅荚木试管苗生根的影响

Table 7.6　Effect of different ratio of growth regulators on rooting of plantlet of *Z. insignis*

基本培养基	生长调节剂(mg · L^{-1})			生根段数	生根率(%)	平均每株根数	苗高(cm)	生长状况
	IBA	ABT	GA_3					
1/2MS	0.1	1	0	69	76.67	3.2	3.0	100% 长愈伤组织
	0.1	1.5	0	73	81.11	3.4	2.6	100% 长愈伤组织
	0.1	1	0.05	65	72.22	3.1	4.2	100% 长愈伤组织
	0.1	1	0.1	74	82.22	3.5	4.5	苗正常，无愈伤组织
	0.1	1	1	72	80.00	2.1	4.7	苗细，叶未完全展开
	0.1	1.5	0.05	75	83.33	3.4	3.3	36% 长愈伤组织
	0.1	1.5	0.1	76	84.44	3.3	3.6	38% 长愈伤组织
	0.1	1.5	1	73	83.81	2.8	4.0	12% 长愈伤组织，叶黄绿

注：引自邱运亮，《几种植物生长调节剂对翅荚木试管的生根效益》(2004)。

袁德义等(2007)对翅荚木生根培养的研究结果如下：当继代培养获得的从生芽长至2~3cm高时，在无菌条件下将其切成带1个腋芽、长为1~2cm的切断，垂直插入生根培养基1~4号上进行催根培养。结果表明(表7.7)，在2号培养基上翅荚木试管苗平均生根数为4.5/株，生根平均长度为5.4cm，并且根较粗而长，叶绿且完全展开，生长较好。为进一步探索翅荚木生根培养基的最佳配方，根据2号培养基配方设计出5~7号和8~11号两区组配方。在5~7号培养上，结果表明(表7.7)，在NAA激素浓度一定时，翅荚木试管苗的生长情况与IBA和KT浓度比例有关。在8~11号培养上时，结果表明(表7.7)，翅荚木试管苗的生根量，株平均根数和根生长状况均不一样。试验观察表明，在8号培养上，翅荚木试管苗根粗而壮，叶绿且完全展开，生长良好；在10号培养基上，翅荚木试管苗产生的愈伤组织较多，须根多；而在11号培养基上，翅荚木苗无根且植株矮小。到2007年4月初，已成功诱导翅荚木生根，得出MS + IBA 0.05 mg · L^{-1} + NAA 0.05 mg · L^{-1} + KT 0.1 mg · L^{-1}的培养基诱导其生根效果最好，故确定其为翅荚木生根培养基。

表7.7 不同培养基对翅荚木试管苗生根的影响

Table 7.7 Effect of different culture medium on rooting of *Z. insignis*

序号	培养基	平均生根数/株	生根平均长度(cm)	生长情况
1号	MS + IBA0.05 + NAA0.05 + 6 - BA0.1 + KT0.1	2.1	4.2	根粗而短，叶嫩绿，生长状况良好
2号	MS + IBA0.05 + NAA0.05 + KT0.1	4.5	5.4	根较粗而长，叶绿且完全展开，生长较好
3号	MS + IBA0.07 + NAA0.03 + 6 - BA0.1	1.4	2.6	根短而细，愈伤较多
4号	MS + IBA0.07 + 6 - BA0.1	0.2	1.2	生根数极少，有愈伤，叶生长良好
5号	MS + IBA0.05 + NAA0.05 + KT0.1	4.1	4.9	根较粗而长，叶绿且完全展开，生长较好
6号	MS + IBA0.07 + NAA0.05 + KT0.1	2.8	3.5	根比较细，稍短，叶绿且展开，愈伤较多
7号	MS + IBA0.05 + NAA0.05 + KT0.2	0.2	1.2	根较少，愈伤较少，苗长势一般
8号	MS + IBA0.05 + NAA0.05 + KT0.1	4.0	4.3	根较粗而长，叶绿且完全展开，生长较好
9号	MS + IBA0.03 + NAA0.05 + KT0.1	2.6	3.5	根少而细，愈伤少，苗生长正常
10号	MS + IBA0.05 + NAA0.05 + KT0.05	3.8	4.5	根生长正常，但较细，须根多，愈伤较多，生长良好
11号	MS + IBA0.05 + NAA0.03 + KT0.1	0	0	无根苗，苗矮小，生长情况一般

注：接种个数均为30段；培养20d，温度为25±2℃，重复3次。

7.3.7 翅荚木试管苗移栽

试管苗移栽是从培养瓶转移到土壤中，即由"温和环境"到"恶劣环境"，由"异养"到"自养"的转变过程，这种转变是逐渐适应的过程。当完整的翅荚木试管苗植株长至苗高4cm左右时，选择生长健壮、试管苗基部刚长出3~4条白色根时移植，根系损伤极小，成活率高，愈伤组织上生根的试管苗不能移栽，因移栽后愈伤组织连同根一起脱落，成活率极低。为提高移栽后试管苗的成活率，必须缩小自然环境与试管环境之间的差距，尽可能地创造适宜于试管苗生存的环境，提高移苗的成活率。为此，要做到以下几点：

(1)洗净残留在翅荚木试管苗上的培养基。移苗时，将带有短根或突起根原基的试管苗，轻轻从培养基中取出，用自来水冲洗掉残留在苗端的培养基，以减少种植后微生物滋长的可能。

(2)保持一定的空气湿度。在培养瓶中的翅荚木小苗，因湿度大，茎叶表面防止水分散失的角质层几乎全无，小苗根系又不发达，所以，种植后往往很难保持水分平衡，非常容易干枯。为此，移栽后必须用透明塑料薄膜覆盖或用间歇喷雾的方法，来提高周围空气湿度，以减少叶面的蒸腾。

(3)为翅荚木根系创造良好的通气条件。种植用的介质要疏松通气，保水性好。常用的介质有蛭石、珍珠岩、谷壳、锯木屑、炉灰渣等，或将它们以一定的比例混合应用。

(4)减少病虫害的感染。移栽时尽量少伤苗和伤根，否则易造成死苗。种植用的介质应预先高温高压灭菌，或者用福尔马林熏蒸消毒，即将浓度为5%的福尔马林或0.3%硫酸铜稀释液泼浇于介质，然后用塑料薄膜覆盖1周后揭开，再翻动土，让其溶液挥发掉。

翅荚木试管小苗用0.1%代森锌、多菌灵、百菌清等杀菌剂浸根3~5min，可提高移苗成活率。

(5)加强管理，锻炼小苗。移栽后的温度高低，对成活率影响很大，最适宜的温度为18~20℃，温度高于25℃成活率显著下降。移苗初期可浇灌水或低浓度的营养液，过高的土壤溶液浓度会产生生理干旱。浇灌时，要防止浇过多的水而造成烂根。出瓶后的小苗要靠自养生存，为此光照不能太弱，但也不能过强，强光照易引起小苗水分平衡失调。总之移栽初期要核心管理，保持高湿度，避免阳光直射和过高温度。翅荚木经过一段时期(5~6周)锻炼后，小苗即可转入正常的管理。

7.4 翅荚木容器育苗

培育容器苗可以集约化管理，节约种子和苗圃地。利用容器苗造林，可以缩短育苗期，增强苗木抵御不良环境的能力，延长造林时间，缩短造林后的缓苗期，提高造林成活率。

7.4.1 填装营养土

7.4.1.1 营养土配方

容器苗营养土的传统配方是以黄心土、森林表土、火烧土、钙镁磷肥按一定比例混合使用。卢立华等(2005)试验表明70%塘泥+30%火烧土对翅荚木苗高生长最好，100%石灰性土壤处理对地径生长最佳，2个月生苗地径达0.37cm，70%塘泥+30%椰糠处理对地上部和地下部生物量都较优，而70%塘泥+30%木糠处理对翅荚木苗高、地径、生物量的生长均为最差，故在翅荚木育苗中不宜采用。广西林业科学研究院的试验结果表明，80%黄心土+20%火烧土效果较好，也可用2%~5%的钙镁磷肥代替火烧土，但效果次之，7月份播种，2个月的苗高分别为36.5cm、34.2cm，地径分别为0.23cm、0.22cm。试验结果也表明火烧土和钙镁磷肥一起混用效果与单独使用火烧土差异并不显著，单独使用火烧土苗高36.5cm，而火烧土加2%的钙镁磷后苗高35.4cm。据张炎森(2007)试验，在酸性土壤种植翅荚木时添加10%生石灰、60%煤渣、60%火烧土的平均苗高分别比对照大44.7%、27.9%和35.6%；平均胸径分别比对照的高18.7%、21.9%、12.5%；平均冠幅分别大36.8%、21.7%和39.5%，所以用容器培育翅荚木苗时在基质里加入0.5%的生石灰比较好。卢又伟(1991)的研究结果也表明，翅荚木苗期积累的可吸收的元素中，氮和钙占的比重最大，氮、磷、钾、钙、镁元素各占的比例分别为5.08∶1.39∶2.11∶5.83∶1。以上研究结果说明翅荚木苗在生长盛期前对钙元素要求较高，因此在翅荚木的容器育苗过程中，配制营养土时适当加入钙元素有助于促进苗木生长。

7.4.1.2 容器杯规格

容器杯的规格应根据育苗时间、造林时间及所需苗木的大小而定。一般所需苗木高度在30cm左右，可用规格为8cm×12cm的容器杯，若要更高可用稍大规格的容器。营养土应打碎过筛后充分拌匀方可装杯，装填营养土时要稍压实，装平容器口即可。将装好营养土的容器杯整齐摆放在已平整好的圃地上。为便于管理，一般苗床宽在1.2m左右，横排可摆放8cm×12cm的容器杯20个为宜，苗床与苗床之间应间隔40cm作步道亦有利于排水。另外还需在圃地四周开好主排水沟，以免下雨时积水，淹泡苗木，翅荚木幼苗切忌积水。

7.4.2 播种

翅荚木种子需要经过浸种处理后播种。播种时间应根据造林时间而定，一般是在造林前2~3个月播种。但是我们在浙江省丽水市做苗期生长调查表明，翅荚木苗高、径生长量从5月开始逐渐增加，7、8月出现生长高峰期，然后开始逐渐下降，10下旬以后基本停止生长，所以应尽量避免在11月以后播种，因为这段时间苗木生长基本停止，苗木管护期长。待到次年2月下旬至3月上旬，天气回暖时再播种，翅荚木苗3月开始恢复生长，4~5月开始生长迅速，在这段时间育苗苗木管护期短，可节约育苗成本，5月下旬至6月下旬即可造林。也可于7~8月播种，到10月苗高已有30cm左右，12月至次年2月苗木基本停止生长，3月即可造林。

播种前一天用0.5%高锰酸钾溶液对装好营养土的容器杯淋透，然后用薄膜盖好容器杯进行土壤消毒，第二天打开薄膜即可点种。新鲜的翅荚木种子发芽率比较高，一般有90%以上，经过催芽的种子，一个容器杯点一粒已发芽的种子即可。若种子不够新鲜或饱满的，1个容器杯可点2粒，待苗木出土后，对一个容器发芽2株的，可将一株移出，栽植到另一个容器中。也可将种子播在地上或沙床上，每公顷播种75~100kg，待苗木出土后再移苗上杯。点种时先用小棍扒开土，放入种子后即回土盖好种子，每点完一畦用清水淋洒一遍，搭拱盖荫网保湿。在2~3月播种，这时温度较低又多为阴天，可在荫网下加盖一层薄膜保温、保湿，以促进苗木出土，如遇强烈阳光或苗木出土时，应及时打开薄膜，以免苗床内温度过高灼伤苗木根茎部。

7.4.3 苗木管理

7.4.3.1 水分管理

翅荚木一般播种后4d开始萌发，发芽后2~5d为盛期，14~15d发芽结束。翅荚木为喜光树种，不耐荫蔽，当苗木出土1周或移苗2周后应及时打开荫网见光，否则苗木将会生长不良。播种后视天气情况适时淋水。随着苗木生长阶段不同，淋水量及淋水技术也有区别。种子出土前营养土要保持湿润不能干，否则影响种子发芽；种子完全出土后可等营养土干了再淋水，一般一天一次即可，杯内营养土渗水慢，不宜急淋猛喷，否则易冲走营养土和种子，或冲露苗根易致倒伏。

7.4.3.2 间苗和移苗

种子全部发芽出土后即可进行间苗和移苗。一杯点2粒种子的，应遵循间小留大、间弱留壮原则进行间苗，播种在地上或沙床上也应移大苗、壮苗。移苗之前必须先将空的容器杯淋透水，使营养土软化，才好栽植小苗。拔出小苗后用利剪剪断主根，保留基部1.5～2cm的长度，先用竹签在空杯的正中垂直向下插一个小洞，然后将苗木根部放入洞穴中，注意保持苗木根栽直不弯曲窝根，最后用竹签在洞的旁边垂直插入并往苗木方向推挤，以使苗木根部充分与营养土接触，移苗后要及时淋定根水。必须注意，移苗最好选在阴天或傍晚时进行。移苗时间越早越好，广西林业科学研究院的试验结果表明生长50d的苗，在苗木展开2片子叶时(出土2d)移的苗高36.5cm，在苗木出土9d时移的苗高28.3cm。

7.4.3.3　除草施肥

当苗木出土1周时或移苗2周时新根已长好，即可施肥。施肥应遵循先稀后浓，少量多次的原则。每2周施1次0.2%复合肥水溶液。随着苗木的长大，施肥浓度可逐渐提高到0.5%。每次施肥后要立即用清水冲洗苗木叶面，以免产生肥害。翅荚木在生长初期，苗圃输入应以氮元素为主，而进入生长盛期前，适当减少氮或提高磷、钾元素的输入比重，以促进苗木的速生，丰产、优质。

一般播种后20～30d开始长出杂草，这时要及时拔草，以免影响苗木生长。注意拔草时要压好苗木根部，以免拔松苗根，甚至连苗一起拔出。拔草后要及时淋水，防止拔草时苗木的根部松动，造成苗木枯死。

7.5　翅荚木苗木主要病虫害的防治

7.5.1　病害防治

翅荚木苗期主要病害有猝倒病和锈病。

(1)猝倒病。猝倒病是翅荚木育苗初期的主要病害，主要发生在子叶出土到真叶形成这段时期，如果此时正值连续阴雨的天气，由于幼苗较嫩，茎部尚未木质化，表皮的角质层和木栓层也未完全形成，病菌由根颈侵入，由初期褐色斑扩大到后期水渍状病斑，根颈被病斑围绕一圈后苗迅速倒伏，引起典型的猝倒症状。

防治方法：①起高床，开好排水沟，防止苗床积水；②苗木出土后要及时间苗和移苗，防止苗木过于密集，苗床通风不良；③幼苗开始发病时要及时喷药，喷施杀菌剂，如多菌灵、托布津、代森铵等，每隔7～10d喷1次，连续喷2～3次；④猝倒病多发生在阴雨天，喷洒药剂容易流失，可用草木灰+生石灰(8∶2)撒于幼苗颈部，以抑制病害的蔓延。

(2)锈病。锈病发生在苗木生长的中后期，主要是在温暖多湿、苗木密度较大、通风透光、降水量太多或排水不良、植株生长势差的苗木中发生。叶背产生锈色斑点，且迅速蔓延，致使叶片枯黄脱落，嫩枝枯死，影响了苗木生长。

防治方法：出现病斑时要及时喷多菌灵、粉锈宁、石硫合剂，每7d喷施1次。

7.5.2　苗木虫害防治

翅荚木苗期主要虫害为小地老虎(*Agrotis ypsilon*)(别名地蚕、切根虫)、铜绿丽金龟(*Anomala corpulenta*)的幼虫(蛴螬)和木虱(*Psyllidae*)。

(1)小地老虎。小地老虎主要是其幼虫危害苗木的嫩茎，咬断茎基部，并把苗木拖入穴中啮食，从而造成苗木缺苗。

防治方法：初龄幼虫期喷90%敌百虫500倍液。注意喷药时，最好是在傍晚或阴天进行。也可在每天上午到圃地进行检查，发现苗木被害时，在附近扒开表土进行捕捉。

(2)铜绿丽金龟。铜绿丽金龟也是其幼虫蛴螬危害幼苗根部，除咬食根外，还能将根皮剥食，造成苗木枯死，似立枯状。金龟子以幼虫在土中越冬，翌年4~5月成虫陆续出土。

防治方法：①播种前用5%地虫灵颗粒剂均匀撒于土表，然后将其翻入土中，可将土内幼虫杀死；②利用金龟子不耐水淹的特点，在整地前灌水浸圃地，可杀死幼虫；③苗木出土后，发现幼虫危害根部时，可在受害苗床上打洞，灌进地虫灵颗粒剂。

(3)木虱。木虱是危害嫩枝叶的主要害虫，当翅荚木萌发新梢新叶时，木虱就吸取嫩枝嫩叶的汁液，使翅荚木的新梢枯萎而停止生长。

防治方法：发现木虱危害时，即要及时用90%万灵可湿性粉剂兑水1000倍液和10%可湿性粉剂兑水1000倍液轮换着喷，每周喷1次，连续喷2~3次。

7.6 翅荚木苗木质量评价

苗木是造林最基础的材料，其质量直接影响造林成活率的高低，决定造林质量的好坏，关系到造林的成败。为了更好地提高苗木造林质量水平，需要在苗木出圃前进行苗木质量的评价，确保造林用的苗木整齐一致、质量合格，这对于提高林分质量、蓄积量具有重要的意义。

7.6.1 苗木质量评价的依据

苗木质量是指苗木在其类型、年龄、形态、生理及活动等方面满足特定立地条件下实现造林目标的程度。出圃前苗木分级按国家标准规定：合格苗木以综合控制条件、根系、地径和苗高确定。综合控制条件达不到要求的为不合格苗木，达到要求者以根系、地径和苗高3项指标分级。综合控制条件是指无检疫对象病虫害，苗干通直，色泽正常，充分木质化，无机械损伤，无失水现象。

7.6.2 裸根苗的苗木评价

翅荚木苗期生长迅速，1年生苗高2.5~3.5m。裸根苗一般用6~10个月生苗截干造林。当苗高1.5~2m时将上部主干截去，保留基部30~40cm上山造林。苗木出圃前的质量评价应以苗木的地径为依据，粗壮的苗木抗逆性强，造林成活率高，纤细的苗木抗逆性弱，造林成活率低。依实际造林经验，用地径大于等于0.5cm的裸根苗造林，造林成活率可达70%~80%，而用地径小于0.5cm的裸根苗造林，造林成活率低于70%。苗木出圃应以造林经验为依据，出圃地径大于等于0.5cm的苗，地径小于0.5cm的苗留在苗圃里继续培育。

7.6.3 容器苗的苗木评价

石灰岩溶地区严重缺水，土层浅薄，土壤保水，对于造林成活率的影响苗木的粗度比高度大。而翅荚木容器苗苗木密度较大，分化也比较大，苗木地径的差异非常大，有的苗高40cm，地径却只有0.2cm，有的苗高28cm，地径却有0.4cm，往往造成苗木的高度达到出圃要求，地径却达不到。建议使用 10cm × 14cm 的容器杯育苗，降低苗木密度，提高苗木粗度，培育壮苗上山造林可提高造林成活率。依实际造林经验，地径大于等于 0.3 ~ 0.4cm 的容器苗造林成活率可达 90% 。2 ~ 3 个月生容器苗根系已扎到地下，出圃前必需移苗断根，以提高苗木木质化程度，促进新根萌发，利于造林后更好地适应造林地环境，更快地恢复生长。未经过移苗断根的容器苗不能上山造林。

7.6.4　扦插苗的苗木质量分级

扦插苗一般是采伐桩上的萌芽枝做插穗，插穗的粗度直接决定了扦插苗的粗度，插穗的长度也影响了扦插苗的高度。评价扦插苗扦插是否成功的标准是扦插成活率，而评价扦插苗质量的好坏则是以扦插苗生根数量的多少为标准的，生根数量较多的扦插苗质量好，生根数量较少的扦插苗质量差。用裸根的扦插苗上山造林，根非常脆，很容易受损折断，甚至从茎干脱落，大大降低造林成活率。应将插穗扦插到容器杯里培育扦插苗，即扦插苗也是容器苗，这样能较好地保护根系，提高造林成活率。依据实际造林经验，插穗粗度大于等于 0.6cm 的扦插苗，生根数量 8 条以上，造林成活率达 90% 。

第8章　翅荚木营林技术

翅荚木是速生丰产的优良树种，一年生苗最高可达3m，幼树年平均增高1m以上。耐干旱、耐瘠薄，在华南石山地区，从山脚到山顶都可以生长。其木材可作椽条、门窗、板材、农具和家具等用材。已有研究表明，翅荚木还是制作阻燃纤维板的好原料。翅荚木作为薪材经营已经有很长的历史，广西总结了矮林作业和头木作业法。翅荚木在石山地区广泛分布，由于其耐旱、耐瘠薄特性，作为石山绿化树种被广大群众接受并喜欢。

翅荚木虽然用途广泛，在生产中也得以大量应用，但很长一段时间以来，其最主要作用仍是我国西南地区石漠化治理的生态树种，其他南方各地则作为速生树种引种栽培，因此，对翅荚木人工林生长及栽培技术的研究甚少。近几年来，浙江、湖南和福建等南方各省区对翅荚木的研究与推广逐步开展，并通过造林试验和大量的林分调查，逐步掌握了其人工林经营的关键技术。

8.1　翅荚木用材林培育

以木材为主要代表的林产品是国民经济和人民生活的重要物资。随着国民经济的飞速发展和人民生活水平的不断提高，社会对林产品的需求量会越来越大，特别是木浆造纸用材、人造板用材、大径级木材等与经济发展和人民生活密切相关的木材需求量增长更加迅速。翅荚木作为新兴的速生用材树种，近几年受到各界的关注。一方面源自于翅荚木的速生特性；另一方面源自于木材加工技术水平的提高，翅荚木仿红木的技术日趋完善，其木材市场价格一路走高。近些年来，广西以石山绿化为主的树种翅荚木越来越受到重视，从“治理”石山生态的思维向“利用”石山的思维转变，翅荚木将在广西石山区占据着人工用材林最主要的位置。

8.1.1　立地选择

根据我们在广西开展的翅荚木人工幼林生长情况调查，翅荚木不但表现出耐干旱、耐瘠薄的特性，而且在肥沃深厚的土壤长势更为旺盛，生长量大幅提高。不同立地条件造林调查统计结果显示（表8.1），1年生时样地XC12比XC11提高达48.5%，地径提高达58.8%。2年生时样地的树高TD5比TD7提高达66%，地径提高达104%；样地MS4比MS6树高提高达115%，胸径提高达21.4%。与秦维俊（2001）在柳江县、周昌权（1997）在东兰县造林调查结果相一致。因此，应选择土层深层立地条件较好造林地进行造林，可充分发挥翅荚木的速生特性。

表 8.1　翅荚木不同立地条件下造林生长情况(广西)

Table 8.1　Growth of *Z. insignis* at different sites in Guangxi

样地	立地条件	树龄(a)	树高(cm)	胸径(m)	地径(m)
TD5	坡脚，土层 >50cm	2	249	-	2.59
TD7	30°中坡，土层 <40cm	2	150	-	1.27
MS4	坡脚，土层 >50cm	2	292	1.53	-
MS6	35°中坡，土层 <40cm	2	131	1.26	-
XC11	坡脚，土层 <40cm	1	136	-	1.07
XC12	25°中坡，土层 >50cm	1	202	-	1.70

8.1.2　良种壮苗

应用壮苗造林已经成为共识。据我们多年的调查，翅荚木裸根壮苗造林高、径生长量均超过容器苗(表 8.2)。分析其原因，一般使用的裸根壮苗苗龄为 6~10 个月，而一般使用的容器苗苗龄为 2~3 个月。尽管采用容器苗木上山造林成活率较高，但由于苗木细嫩、苗小，不耐干旱，萌发力不强，生长量往往比裸根苗低。这与覃志刚(1992)研究结论相一致；但与周昌权(1997)研究结论看似相矛盾，这很可能周昌权使用的容器苗与裸根苗的苗龄是相同的(估计苗龄均为 2~3 个月)，因此，容器苗比裸根苗的成活率高、生长量大。由此可见，营造翅荚木人工用材林，应该着重强调使用壮苗进行造林。

表 8.2　翅荚木不同苗木类型造林生长量的差异(广西)

Table 8.2　Difference of growth of *Z. insignis* planted with different seedlings in Guangxi

样地	树龄(a)	树高(cm)	胸径(cm)	苗木类型	苗龄
PG2	5	467	3.82	营养杯苗	2 个月
PG15	3	544	4.56	裸根大苗	10 个月，截干造林

通过对 8 个月生的幼林进行苗木地径与幼树胸径，苗木地径与幼树树高相关性分析(表 8.3)，苗木地径 - 幼树胸径相关系数 0.638 达极显著水平，苗木地径 - 幼树树高相关系数 0.669 达极显著水平。可以认为，种植用苗的地径越粗壮，幼树生长量越大，充分说明，造林时应选择壮苗造林。

表 8.3　翅荚木苗木地径与幼树胸径、树高相关性分析

Table 8.3　Correlation between ground diameter of seeding and diameter, and height of *Z. insignis*

项目	平均值/cm	标准差	与苗径相关系数
胸径	1.59	0.5018	0.658**
树高	3.10	0.7349	0.669**

8.1.3　造林抚育

8.1.3.1　整地

在岩溶区造林，翅荚木对整地的要求不很严格，无论是穴垦还是全垦，其幼树均可生长成林，差异不大。考虑到水土流失等问题，采用穴状整地，整地规格为 40cm × 40cm ×

30cm，挖坎时表土和心土分开，然后回填，先回表土，每坎施入150g复混肥或250g过磷酸钙，拌匀后再回心土。

8.1.3.2 定植

根据我们对广西退耕还林工程营造的翅荚木人工林调查，翅荚木人工纯林初植密度在933~14909株·hm^{-2}之间，初植密度差异很大。然而，合理的密度可以充分利用地力，发挥林木的生长潜能，提高林分产量和质量。确定造林密度必须根据栽培目的、树种的生物学特性、立地条件、造林措施以及经营水平综合考虑。据4年生的同一中等立地条件的不同林分调查，稀植的翅荚木林分侧枝粗而多，树冠较大，单株高、径生长快；密植的林分侧枝细，生长慢。因此，建议作为用材林以1667~2500株·hm^{-2}为宜。

造林时间以春季雨后为宜，据各地造林实践，使用裸根壮苗截干造林效果良好，通常截干后主干保留长度20~25cm为宜。种植时适当深埋，踩实，用草覆盖。造林后，1个月内检查成活情况，并及时进行补植。

8.1.3.3 抚育

集约管理对翅荚木生长有显著的促进作用，“三分造，七分管”，防止牛羊破坏，及时除草，适时施肥。深翻抚育或间种低矮农作物，可促进翅荚木高生长。翅荚木造林后，15d新梢就开始萌芽生长，5~8月生长最快，而林地杂草同样生长迅速，与树苗竞争养分。因此翅荚木无论用哪种方法造林，造林后均应除草、松土，连续抚育2年，可通过间种作物达到抚育除草目的，如果在石灰岩裸露的山地造林，不便间种作物，为了使植被不受较大破坏，加强土壤的蓄水保水能力，施行不动土抚育，割除穴内杂草。以后每年除草1~2次，浅松土1次，深不超过10cm。据测定，经过抚育的翅荚木幼林第1年平均生长比天然林高8~10倍，第2年较天然林高4~7倍，到第3年即可郁闭成林，覆盖率可达90%以上。

翅荚木属喜光树种，虽然耐干旱瘠薄，能在石缝中生长，但对幼林进行铲草抚育有利于其生长。翅荚木是嗜肥树种，在肥力较高的土壤里，更能发挥其潜在的速生特性。广西的林分试验表明(表8.4~8.5)，及时铲草培土(样地XC12)比未铲草抚育(样地XC11)的树高大48.5%；及时铲草并追肥(MS1)比未能及时铲草并不追肥(MS3)的树高大23%。造林后的头两年，对幼林抚育管理很重要，每年结合中耕除草，追施氮肥或复合肥，每株每次施50~100g，时间在6~8月，连续追施2年，效果很明显。

表8.4 铲草抚育对翅荚木幼林生长量的影响(广西)

Table 8.4 Influence of weed control on growth of *Z. insignis* young stand in Guangxi

样地	树龄(a)	树高(cm)	地径(cm)	密度(株·hm^{-2})	抚育措施
XC11	1	136	1.07	231	未铲草、未施肥
XC12	1	202	1.7	206	铲草培土、未施肥

表8.5 施肥抚育对翅荚木幼林生长量的影响(广西)

Table 8.5 Influence of fertilization on growth of young stand of *Z. insignis* in Guangxi

样地	立地条件	苗木类型	施肥	抚育	树高(m)
MS1	中等	1年生裸根苗	2003年追施复合肥0.15g·株$^{-1}$	铲草2次	2.57
MS3	中等	1年生裸根苗	无	2003年7月铲草1次	1.15

注：定植2002年5月，调查时间2003年9月

结合除草进行施肥，每株施钙镁磷 0.3kg 和复合肥 0.2kg，或在距树木 25~30cm 处挖个小穴，先把肥料放在小穴中，然后盖上土，避免肥料蒸发。每年秋季抚育喷除草剂草甘膦，用量为 20kg·hm^{-2}。喷药时要距幼苗远些，以免造成苗木药害。混交的其他经济树种，如金银花(*Lonicera japonica*)、山葡萄(*Vitis amurensis*)等，施肥应掌握"少量多次"的原则。栽后 1~2 年，要经常结合除草、松土，追施以人畜粪肥为主的农家肥。定植 2 个月后，每穴开沟施腐熟人畜粪肥 0.5~1kg，以后可视实际情况逐渐加大施用量，每 2~3 个月施用一次。

为了能给翅荚木人工栽培提供技术支撑，我们对其人工幼林的配方施肥及其肥料效应进行了研究。试验测试点位于长沙市雨花区的湖南省林业科学院杜家冲试验林场，位于东经 13°00′、北纬 28°11′，年平均气温 17.1℃，平均日照时数 1496~1850h，平均降雨量 1400~1900mm，无霜期 264d。土壤为四纪红色黏土，土层为 50cm，砂砾含量为 32%，土壤 pH 值为 5.6，土壤有机质 14.21g·kg^{-1}，速效氮 75.14 mg·kg^{-1}，速效磷 3.44mg·kg^{-1}，速效钾 32.15mg·kg^{-1}，交换性钙含量 410.53mg·kg^{-1}。试验林分为 1 年生裸根苗造林，造林时将树干离根颈处 15cm 截干。配方施肥各处理为：(1)$P_{0.1}$、(2)$P_{0.2}$、(3)$P_{0.3}$、(4)$N_{0.05}$、(5)$N_{0.1}$、(6)$N_{0.15}$、(7)$P_{0.1}N_{0.05}$、(8)$P_{0.1}N_{0.1}$、(9)$P_{0.2}N_{0.1}$、(10)$P_{0.2}N_{0.05}$、(11)$P_{0.3}N_{0.05}$、(12)$P_{0.3}N_{0.1}$、(13)复合肥$_{0.1}$、(14)复合肥$_{0.2}$、(15)CK，配方中 P、N 分别为钙镁磷肥、尿素，下标数字为施放的量，单位为 kg。

对翅荚木 1 年生林分的施肥试验表明，分别追施氮肥、磷肥和氮磷复合肥后其树高、胸径生长响应是不一致的。从翅荚木配方施肥各处理胸径、树高方差分析(表 8.6)可知，1 年生翅荚木胸径生长在不同配方(氮肥、磷肥与氮磷复合肥)施肥处理间达显著性差异水平，而在不同区组间则未达到显著性差异。

表 8.6　翅荚木施肥肥效胸径、树高方差分析表

Table 8.6　Variance analysis of diameter and height with fertilization experiment of *Z. insignis*

项目	变异来源	平方和	自由度	均方	*F* 值	*p* 值
胸径	区组间	0.1032	3	0.0344	0.3590	0.7831
	处理间	2.891	14	0.2065	2.153	0.0348
	误差	4.0277	42	0.0959		
树高	区组间	0.6162	3	0.2054	0.9900	0.4066
	处理间	11.9840	14	0.8560	4.1275	0.0084
	误差	8.7109	42	0.2074		

进一步对不同施肥处理间的胸径生长做多重比较分析(图 8.1)，结果表明，当年每株翅荚木追施磷肥 0.2kg + 氮肥 0.1kg，复合肥 0.2kg，磷肥 0.3kg + 氮肥 0.1kg 后，其胸径生长量分别为 1.953cm、1.945cm、1.915cm，是对照生长量(1.427cm)的 1.369、1.363 和 1.342 倍。

由表 8.6 可知，1 年生翅荚木树高生长在不同配方(氮肥、磷肥与氮磷复合肥)施肥处理间差异显著，而在不同区组间则差异不显著。进一步对不同施肥处理间的树高生长做多重比较分析(图 8.2)，当年每株翅荚木施放氮肥 0.1kg、复合肥 0.2 kg、磷肥 0.2 kg + 氮肥 0.1 kg 后，其树高生长量分别为 2.90m、2.87m、2.84m，是对照生长量(1.91m)的 1.518、1.503 和 1.487 倍。

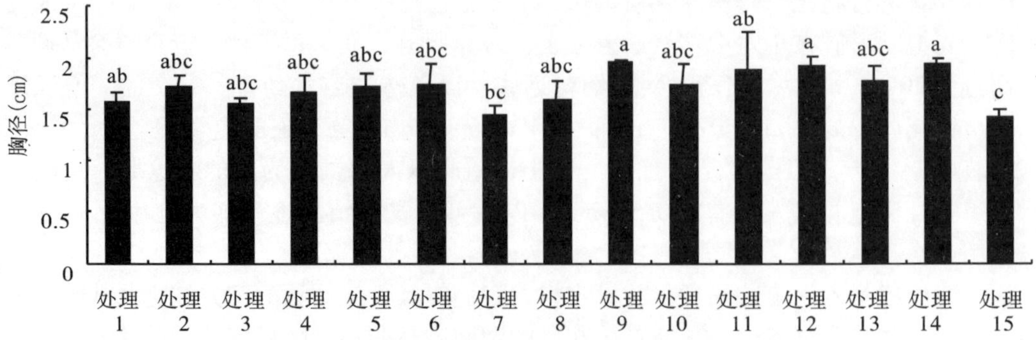

图 8.1 翅荚木配方施肥胸径生长量的差异(湖南)

Figure 8.1 Difference of diameter growth of *Z. insignis* with formula fertilization in Hunan

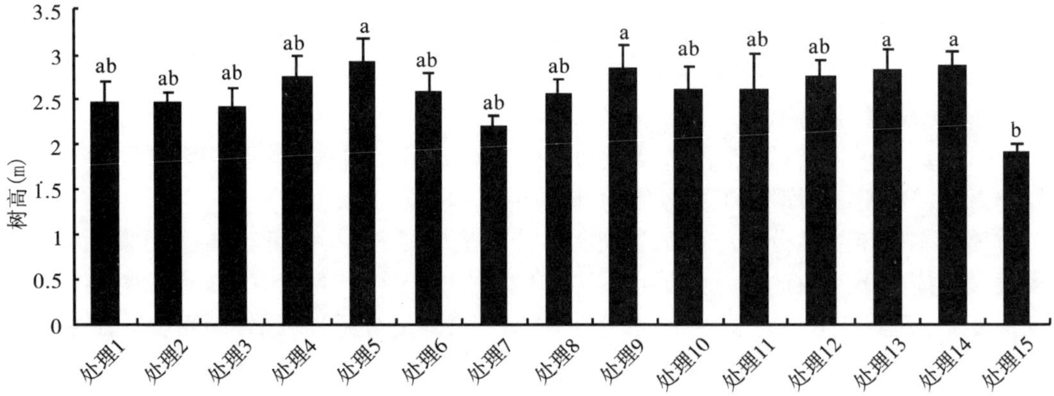

图 8.2 翅荚木配方施肥树高生长量的差异(湖南)

Figure 8.2 Difference of height growth of *Z. insignis* with formula fertilization in Hunan

由此可见，通过施放中等量的复合肥或磷、氮肥组合，能显著促进其胸径、树高的生长，实现集约经营。中等量的磷、氮组合施肥能使翅荚木胸径、树高生长量分别提高 36.86%、48.69%，中等量的复合肥能使胸径、树高生长量分别提高 36.30%、50.26%。在翅荚木的幼龄期，适量施放以磷、氮为主的肥料，可显著促进翅荚木的生长，这为翅荚木速生丰产林基地建设科学施肥提供了科学依据。但翅荚木施放复合肥及磷、氮组合肥后，其叶片中营养元素含量及与翅荚木幼树的生长关系尚不清楚，有待进一步研究。

8.1.3.4 间作

间作是非常有效的抚育措施，幼林期于苗根穴边间种秋黄豆、玉米，第 2 年春间种黄豆、小麦等。间作能增加土壤覆盖，庇荫幼苗，保持水土，降低地表温度，增加收入。间种黄豆每公顷可收 1000～1200kg，间种小麦的每公顷可收 750kg 左右。在护理农作物的同时对幼树进行抚育，达到以耕代抚，减少投劳增加收入。当年秋幼树已高达 1m 多，可在收割秋作物之后，对幼树进行一次修枝整形，把低矮萌条、侧枝剪去。种植后 2～3 年，可间种木豆、牧草等，形成乔灌牧混交模式，也可混种竹子，形成竹木混交林。

间作的最大益处在于以间代抚，能及时除草并给予一定量肥料的补充。未进行间作的尽管及时除草，由于没有肥料的补充，树高、胸(地)径生长量也远远低于间种作物的翅荚木生长量，尤在前期表现更为明显(表 8.7)。

表 8.7　间作模式对翅荚木幼树生长量的影响

Table8.7　Influence of intercropping pattern on growth of *Z. insignis* young stand

样地	树龄(a)	树高(cm)	地(胸)径(cm)	密度(株·hm^{-2})	间种作物种类
XC8	1	293	2.35	272	黄豆
XC9	1	351	2.69	215	桑树
XC10	1	294	2.07	285	木薯
XC12	1	202	1.7	206	未间种
GZ1	1	273	2.27	151	黄豆
GZ2	1	109	1.16	176	未间种
GZ6	1	225	1.68(胸径)	136	黄豆
GZ8	1	265	1.98(胸径)	86	桑树

在第 1~2 年时，间种黄豆(*Glycine max*)、桑树(*Morus alba*)是对翅荚木生长有促进作用，但间种木薯(*Manihot escuilenta*)样地(XC10)，有近 1/4 的翅荚木出现了枯梢的现象，有关问题还需进一步研究。

综上所述，翅荚木人工用材林的栽培技术可以概括为“三控制一维护”，即遗传控制、立地控制、密度控制和维护地力。

(1)遗传控制技术。对于翅荚木而言，在林木遗传育种方面研究尚未获得突破性进展，因此，可通过两个方面进行遗传品质的选择：一是在采种时要求选择生长较好、树干通直、15~20 年生的盛果期壮龄母树采种；二是苗木出圃时选择地径大于 0.5cm 的苗木上山造林。

(2)立地控制技术。根据翅荚木喜肥沃深厚土壤的特性，在造林规划时选择立地中等以上的造林地进行造林。

(3)密度控制技术。根据栽培的目的不同以及立地条件和经营水平有差异，初植密度有所不同，如作为用材林经营，建议适当密植，以 1667~2500 株·hm^{-2}为宜，在经营过程中再根据情况进行适当的密度调控。

(4)维护地力技术。及时地除草、培土及追施肥料，追施肥料以氮肥为主，配合磷肥、钾肥施用，如在少钙的立地，施放钙镁磷或熟石灰。

8.1.4　采伐更新

翅荚木是速生树种，其萌芽力十分旺盛。任何伐桩方式均能产生大量萌条，伤口愈合能力强，不会因伤口而引起立木心腐。10 年生大树伐桩，一个单蔸上能萌发新枝 19~32 条。采伐后，注意除萌，对角保留 2 个萌条即可，1 年生可达到 3m 以上，最高达 7.23m，胸径 8.5cm。

8.2　翅荚木燃料能源林经营模式

薪材是人类历史最古老的生物质能源，也是中国广大农村的主要能源。在“七五”和“八五”期间，由于当时农村能源紧缺，自那时便开始了对薪炭林的试验研究。从 1983 年起就列入国家科技攻关项目，在全国范围内按气候带和地貌类型区设置 13 个试验区 26 个试验点，建立了薪炭林科研网点，在全国 29 个省、自治区、直辖市 100 个县开展了营造薪炭林试点示范工作，筛选出几十个优良薪炭林树种，为全国各地提供了薪炭林营造技术和发展薪炭林的宝贵经验，促进了薪炭林的迅猛发展。翅荚木成为当时石山地区的主要薪材树种，在各石山地区普遍种植。但在以后的一段时期内，由于煤炭、石油、天然气、电能、核能的大量开发利用，作为燃料的薪材有了更多的替代产品，薪炭林的发展便进入了低潮。

但是当人类在享受经济发展、科技进步带来便利的同时，也遇到一系列无法避免的能源安全挑战，能源短缺、资源争夺以及过度使用能源造成的环境污染等问题威胁着人类的生存与发展。目前世界上常规能源的储量有的只能维持半个世纪（如石油），最多的也能维持一、二百年（如煤）人类生存的需求。我国是世界第一的煤炭消费大国，也是世界第二大石油和电力消费大国。随着经济快速发展，我国主要能源和初级产品的供求格局发生了较大变化，资源对经济发展的制约作用开始显现，且差距呈越来越大之势。从长三角的“电荒”到涉及东北、华东、华南、西南等地区的“煤荒”与“油荒”，这都是我国能源危机的信号。

我国政府高度重视可再生能源的研究与开发。国家经济贸易委员会制定了《新能源和可再生能源产业发展的“十五”规划》，并制定颁布了《中华人民共和国可再生能源法》，重点发展太阳能光热利用、风力发电、生物质能高效利用和地热能的利用。薪材仍然是世界上不可或缺的能源。随着薪材加工利用技术的不断进步，生产的各种高能清洁的木质燃料产品将可作为煤炭和石油等的主要替代能源。在广大的石山地区翅荚木薪炭林作为一种可再生资源又迎来了广阔的发展机遇。

8.2.1 薪材特性

8.2.1.1 速生性

翅荚木具有速生性能，2~8 年生为速生期，年平均树高达 1.9m，胸径达 1.5cm。3 年生混农经营的翅荚木幼林平均高 6.36m，平均胸径 5.97cm，3 年即可郁闭成林。

8.2.1.2 萌芽性

翅荚木萌芽力强，在其枝干及树根均潜伏有休眠芽，一经砍伐，在砍口四周便萌发出大量萌条，一般 10~15 根，多达 30 余根，一般萌芽植株树高年生长 2~3m，胸径 2.1~2.8cm，高者可达 7m 多，粗者可达 7~8cm。1 年便可恢复郁闭成林。

8.2.1.3 薪材产量

翅荚木生物产量高，实行林粮间作，人工直播造林，2 年生时，薪材产量达 33.73t · hm^{-2}，3 年生时可达 49.95t · hm^{-2}。生物量中，薪材占 78.4%，树叶占 21.6%。成年的头木林，不计主干部分，仅砍收萌生的侧枝，年平均生物量为 45~67.5t · hm^{-2}。

8.2.1.4 薪材热值

薪炭林经营的主要目的是生产热能，因此树种热值的高低是评价薪炭林树种优劣的重要指标。翅荚木材质较硬，纹理通直，易劈。干、枝、叶、皮、根的含水量分别为 35%、36%、63%、48%、35%。干材劈后日晒 1d 便能烧用，容易着火，火力旺，发烟少，无异味，热量高。干材热值为 17614kJ · kg^{-1}，枝材 19816kJ · kg^{-1}，叶子 22362kJ · kg^{-1}，树皮 20114kJ · kg^{-1}。翅荚木枝干材的热值均与石灰岩地区的构树（*Broussonetia papyifera*）、蚬木（*Excentrodendron hsienmu*）、蝴蝶果（*Cleidiocarpon cavaleriei*）、香椿和银合欢（*Leucaena* leucocephala）等主要树种木材的热值相近，每吨枝干材约相当于0.7t标准煤。

8.2.3 经营模式

8.2.3.1 纯矮林作业

矮林即以无性更新方法形成的森林。森林无性更新的方法很多，有萌芽更新、萌蘖更新、压条更新、人工插条和埋干造林等。翅荚木的矮林作业则以萌芽更新形成矮林。萌芽更新是依靠伐根上的休眠芽或不定芽发育成萌芽条，长成植株。林木萌芽力的强弱既决定于树种本身的特性，又决定于林木的年龄、立地条件、采伐年龄、采伐方式、采伐季节等因素。通常萌芽力总是在一定的年龄时达到最强，然后减弱，直至消失。因此翅荚木矮林必须采取科学合理的经营措施才能达到速生高产的目标。翅荚木纯矮林作业的特点是林分树种单一，采用短平茬期经营方式，在短间隔期内获得大量的薪材。

（1）初植密度。矮林作业是对萌芽力较强的树种经营薪炭林的主要方法之一。翅荚木薪炭林的矮林作业方式通常采用高密度集约经营的措施。株行距为1.5m×2m或2m×2m，初植密度3333～12500株·hm^{-2}。

（2）栽培管理。翅荚木矮林作业的薪炭林可用裸根苗、容器苗造林，也可将苗木截干后造林和直接播种造林。造林的当年应进行铲草和施肥抚育，每株施尿素50g。

（3）首伐年龄和采伐季节。翅荚木薪炭林的矮林作业，种植后4～5年便可首次平茬取薪。采伐方式多采用皆伐，有利于伐桩萌芽更新，伐桩高度约10cm，要求锯口平滑，无撕皮裂皮。翅荚木矮林采伐季节通常在树木休眠期进行，这时树木储藏的物质多，萌芽力强，早春很快就产生萌芽条。翅荚木在广西以秋冬季节采伐较好。

（4）留萌条数与轮伐期。翅荚木萌芽率极强，每个伐桩可萌生10～15根萌芽条，如果任由萌芽条自然生长，形成的萌芽林将会分化很大，参差不齐。因此要人为地选留萌芽植株，每1个伐桩保留2～3株较好。人工砍除多余的萌芽条，一般是选留接近地面的萌芽条，这样的萌芽条生长快，也不易被风吹倒，并要求保留的植株能均匀地分布在伐桩周围。通常应进行2次的除萌定株才可使保留的植株正常生长。萌芽林生长迅速，当年可郁闭成林，以后每隔3～4年轮伐1次。每次伐后均留一定高度的新伐桩以利于下一代萌芽生长。

8.2.3.2 头木林作业

头木林作业也叫头状作业，其特点在于采伐不是自地面伐去树干，而是从树冠以下一定部位砍去树冠，留下一部分树干，一般高度为1～4m。伐桩萌芽生长若干年后再采伐萌芽条，经过多次采伐后树桩顶端便增大成瘤状，形似人头，加之伐桩较高，帮称头木作业。翅荚林头木林作业的应用多在路边、住宅傍、田头地边或农耕旱地上稀植经营，通常每公顷种植150～300株左右。

（1）定干年龄与高度。翅荚木生长迅速，当树木生到5～6年时，胸径达10 cm左右，便可用利刀砍去主干3 m高以上的树冠。以后每隔2～3年砍伐1次树桩上生长的萌条，一般轮伐3次以后便进入薪材盛产期，每株产薪材200～300kg。

（2）选留侧枝方法。定干后1～2年，树桩萌条很多，可在主干周围均匀地选留4～5根健壮的侧枝培育成材，2～3年后轮伐时，在每个侧枝的基部20cm以上截断，留下的基桩再生长萌条，每个基桩再选留3～4根萌条培育成材，如此周而复始地砍柴取薪。

（3）作业季节。定干、留枝、砍条等作业均在秋冬季节进行，并且砍伐的工具要锋利，切口要平滑，忌伤裂伐桩皮部或劈裂。

（4）修枝管理。翅荚木萌芽条很多，如果留萌条过多，分化明显，生长势弱。为使水分养分集中供应选留的枝条生长，每年应把新萌出的多余的小萌条除去，进行适当地修剪弱枝。10 年生后的头木树干粗大通直，达到建筑和家具用材的规格，需用材时，即平地采伐，伐桩再度萌芽，选取留 1 株健壮萌条继续培育头木林，永续作业，长久利用。

8.2.3.3 混交林作业

混交林的经营方式在用材林、水土保持林等林种经营中常用，在翅荚木薪炭经营中也可推广应用，其目的都是利用混交林具有良好的自养作用和充分利用有限空间的作用，从而达到提高薪炭林产量的目的。

（1）混交树种。翅荚木是冬天落叶的树种，适合与一些常绿树种混交造林，可充分利用地力和阳光，达到高产薪材和青山常绿的目的。较适合混交的树种有茶条木（*Delavaya toxocarpa*）、银合欢等。

（2）混交比例。翅荚木的株行距为 4m×4m，每公顷约 600 株，茶条木或银合欢的株行距为 1m×1m，每公顷 10000 株，每 2 株翅荚木之间，间种 3 株茶条木或银合欢。

（3）栽培管理。混交造成时，翅荚木和茶条木均可植苗造林，而银合欢可以直播造林。造林当年应除草施肥抚育 1 次，第 3 年可把茶条木或银合欢砍伐利用，留伐桩高 10～15cm，培养下一代萌芽林。第 5 年把翅荚木主干截断，按头木林作业的方式经营管理翅荚木萌芽林。同时可再次采伐茶条木或银合欢的第 1 代萌芽林，以纯矮林作业方式经营管理茶条木或银合欢萌芽林。往后每隔 2～3 年混交林各树种可同时采伐取薪 1 次。经营 10 年以上的林分，每次采伐每公顷可产薪材 100t 以上。

8.3 翅荚木生态林培育

生态公益林是以保护和改善人类生存环境、维持生态平衡、保存种质资源、科学实验等需要为主要经营目的的，是一般只能保护，不准砍伐、开发的森林。主要包括风景林、环境保护林、护岸林、护路林、水土保持林、水源涵养林等。翅荚木生态公益林主要分布在石山地区，起到减轻水土流失、涵养水源、改善生存环境的作用。

翅荚木适应性强，在石灰土、黄壤、红壤、赤红壤上均能生长。它的根系发达，穿透力强，能通过岩石缝隙向下层深处生长。在土壤疏松的地方，1 年生的幼树根幅达1.3m×2.0m，主根深达 1m，而且在岩隙间有很强穿透力。因此，广西等地的石山地区在石漠化治理中大量种植了翅荚木生态公益林，收到良好的生态效益和经济效益。同时，由于翅荚木有一定的耐水湿，在桂林漓江两岸防护林中有大量地运用。大面积翅荚木生态公益林的立地类型主要有荒山裸岩、块状坡耕地、连片退耕地。

生态公益林的营造以封山育林、人工造林为主要手段，达到迅速有效地恢复森林植被，发挥其生态功能的目的。广西石山区 80% 的山坡为裸露的石灰岩，山坡的坡度在 45°以上，上部多为壁立的陡崖，山腰下部才有坡积土层，表水大量渗漏，季节干旱严重。干旱是石山人工造林的主要限制因子。翅荚木耐旱、耐瘠薄，是石山地区主要造林树种之一。翅荚木可造纯林，亦可与耐荫树种、浅根性树种混交，翅荚木的混交比例可占 60%～70%，混交方式有均匀间植、不规则配置，或在幼林下直接套种等。

8.3.1　林地整理

由于石山地区土壤的特殊性，石漠化治理也必须采取特殊的方式。首先，造林整地不能炼山，应尽可能保留石山上的原生植被。原生植被不仅能给新造树苗起到遮荫保湿、提高造林成活率的作用，也能起到水土保持的作用，而且能为今后形成多树种立体混交林奠定基础。其次，适当控制密度，过密不仅大量破坏原生植被，而且对今后的林木生长也不利；过疏则造林效果慢，甚至起不到造林效果。

翅荚木虽适应性强，但造林地以山坡中下部土层较深厚的坡积土为宜，山腰上部黑色石灰土堆积较厚的石穴、石缝也宜生长，而忌土层板结的荒坡地。以带状整地为普遍，因地形复杂，株行距难以统一，可实行“见缝插针”种植。

整地时间要避开雨季，通常在 11～12 月完成。整地方法要以保土蓄水，增加土层厚度，提高土壤肥力为目的，尽量少破坏当地原生植被。适宜石灰岩地区荒山造林的整地方式主要有“V”字形、穴状等 2 种类型。

(1)“V”字形整地。该整地方式适宜于坡度 26°～35°的荒山裸岩。操作方法是，在裸岩缝隙小块土的附近垒土(或小石块)，穴下沿用石块作埂，以利保持水土。然后沿两边向外倾斜沿伸呈“V”字型，其造林地形状多为不规则的棱形。

(2)穴状整地。该整地方式适合地坡度 15°～25°以下的地势平缓的沟底或裸岩稍少的地段应用，形状可方可圆，穴径 30～50cm，深 30cm。石缝、石窝中的泥土全面翻松，捡净草根和石块。挖穴时表土和心土分开，然后回填，先回表土，每穴施入 150g 复合肥和 50g 过磷酸钙，拌匀后再回心土。

8.3.2　造林季节

选择适宜的造林季节，是提高造林成活率的关键之一。裸根苗造林在 1～3 月的阴雨天，种子直播造林为雨季开始的 3～5 月，营养杯苗造林于春、夏、秋 3 个季节中，只要雨后土壤湿润均可造林。根据当地降水特点，选择无风、阴雨天气，降雨前后植苗。广西柳江县穿山镇王排屯石山区造林时间为 4～5 月雨后进行。广西乐业县地处云贵高原边陲，春季气温回升慢和雨水不多，雨季集中在 4～9 月，因此 4～5 月上山造林，栽后苗木很快适应新环境得以迅速生长。苗木定植后，在定植坑面盖上杂草、枯枝或小石块，有条件的最好能盖上薄膜，这样能减少土壤水分蒸发，提高造林成活率。

8.3.3　造林方法

根据种苗类型的不同，造林方式分为直播造林、裸根苗造林、容器苗造林等 3 种。石山地区营建生态林由于立地条件差，造林苗木最好都能用容器苗，如有困难，也应采取容器苗、裸根苗、种子直播并举的技术路线。根据石山土壤情况，在土层相对较厚，并能保持相当水量的地方，采用裸根苗；在土层较薄，保水量少的地段，采用容器苗；而在石缝、石隙，采用种子直播。

(1)裸根苗造林。挑选地径大于 0.5cm 以上的一级苗、二级苗出圃造林。起苗前先将嫩枝叶修剪 1/3～1/2，挖起的苗木及时用黄泥浆浆根，苗木放入预先挖好的种植穴中扶正，使根系舒展伸直，覆土后将苗稍稍提起，防止窝根，然后分层回土踩实，再盖一层松土和一层草，如果苗高超过 lm，则先将主干截去，只留基部 30～50cm，大苗截干埋兜造林可明显提高造林成活率。因此翅荚木截干造林要求用地径0.5cm以上的1年生或半年生的壮苗。

在采集枝条方便的地区，也可用1~2年生枝条，取20~30cm长的插条造林，据在广东省阳山县江英乡试种，插植成活率达97%。采用ABT3号生根粉处理后再蘸黄泥浆造林的苗木比采用其他方法处理可提高4%~12%。

(2)容器苗造林。使用1年生以上健壮大苗，造林前施足基肥，集中施入植树穴内根系主要分布区。造林时挑选一级、二级壮苗出圃造林，合格苗要求高30~45cm，地径0.3~0.5cm以上，顶端优势明显、顶芽完好、主干粗壮、根系发达、高径比协调、叶片浓绿、无病虫害的苗木可出圃。余下苗木集中、调整后继续管理，作补植之用。丛枝、顶端优势不明显、枝缩叶淡、体态纤弱的劣苗应淘汰，不能出圃上山造林。容器苗运输、上山时特别注意不能损伤幼苗，弄散容器。定植时，先开穴，穴大小以能栽入容器苗为准，然后将营养袋撕掉，并注意保持营养土的完整，把小苗竖放穴内，略低于穴2~3cm，移栽后覆盖2~3cm细土，充分淋透定根水，并压紧踩实。

(3)直播造林。坡度在15°以下的、裸露较少的造林地，种植穴规格长、宽各40cm，深30cm。种子不宜浸水催芽，防止遇旱回芽失水死亡。每穴播种子3~5粒，种子间距离15~20cm，成正方形或五角星形播下，播后覆土1cm左右。每公顷用种量750g。造林的株行距不硬性规定，按预先挖好的植树穴播种，每公顷约2000~3000穴。在土壤保持湿润的条件下，种子萌芽出土约需7~10d，发芽率达90%以上。坡度大于15°的荒山裸岩地可以小穴点种，每穴种子6~12粒。小穴规格长、宽、深各20cm，除去穴边杂草及灌木，以保证发芽及初生长时光照充足，栽植密度一般为4500~6000株·hm^{-2}。翅荚木在石山岩溶地区直播造林，以垒石围的整地方法效果最好。在石窝区、岩隙区、坡积区和不同坡向或坡位等立地条件采用种子直播造林其根系发达，生长良好，3~4年即可郁闭成林，17年生胸径20cm以上。

8.3.4 造林密度

蔡乙东等(2006)研究发现，翅荚木生态公益林稀植林分，侧枝粗、冠幅大，单株生长快；密植林分，多为侧枝细、林分郁闭快，但整体林木生长慢。目前对初植密度还没有进行系统研究，没有合理密度的定量规定。各地群众在种植翅荚木时均考虑了坡度、坡向、土壤厚度、岩石裸露率、水源状况等立地条件中的多种因素，并考虑了社会经济生产生活中的需要和耕作习惯，确定各地翅荚木生态林的种植密度和种植模式。营造的生态公益林，随着树木生长年龄的增加，一些树木逐步成材，已发挥其生态效益，虽然生态公益林一般不允许采伐树木，以免破坏森林，但一些木材短缺的石山地区，出于对木材的需求，或是从促进生态公益林良性生长的角度出发，仍有采伐木材、间伐弱小植株的现象。如广西的石山地区，5~10年生中龄林，树木密度还保持在2250株·hm^{-2}左右，11~15年生的中成林密度约为1050株·hm^{-2}，16年生以上的翅荚木林保持在525株·hm^{-2}左右。

(1)造林密度。石山地区造林也要求有一定的株行距，但因岩石裸露，往往难以统一，可随地形而定，见缝插针，种在土层较厚的石缝、石窝之中。生态公益林的初植密度1650~2250株·hm^{-2}，大约相距1.6~2m种植1株。荒山裸岩每相距1~1.5m种植1株，种植2250~3000株·hm^{-2}。裸根苗和营养杯苗种植密度在1650~2250株·hm^{-2}，种子点播的通常在2250~3000株·hm^{-2}，一些造林后不进行间苗的，点播成苗达到6000株·hm^{-2}。在广西石灰岩山地种植翅荚木，一般种植于中坡和下坡，土块较连片、土层较厚，每公顷种植2250株左右，采用裸根大苗并于雨季造林，既提高成活率，又利于树苗萌芽复壮。

翅荚木生长快、根系穿透力强，是石质山区荒山造林优选先锋树种。据测定，荒山裸岩、块状坡耕地、连片退耕地采用穴栽营造翅荚木林，密度4500~6000株·hm^{-2}，3年即可基本控制水土流失，保土效率达82.6%~95.0%，保水效率可达44.6%~63.2%，植被覆盖率可达91%。因此，适当密植更有利于生态公益林生态效益的发挥。

(2)混交林模式及种植密度。生态公益林的建设目标是以生态防护功能为主，同时还应考虑群众利益，长短结合，以提高造林积极性。营造复层结构混交林较纯林更有利于发挥森林生态功能、经济功能和增强其稳定性，改善石山区环境条件。混交的任何树种所占比例均不超过80%。

针对石山地区的生境特点，造林树种选择应遵循适地适树、生态与经济效益并重的原则，选择适应性强，耐干旱瘠薄，根系发达，成活容易，生长迅速，更新能力特别是无性更新能力强的树种。混交林营造和培育的关键在于正确处理好种间关系。翅荚木是落叶阔叶树种，与之营造混交林时要考虑常绿和落叶树种、针叶和阔叶树种、深根和浅根树种、喜光和耐荫树种混交，重点考虑常绿阔叶树种，同时要考虑乔与乔、乔灌草、林农、林果、林药等模式，采用行间混交、带状混交和块状混交等多种方法。可选择福建柏(*Fokienia hodginsii*)、西藏柏木(*Cupressus torulosa*)、吊丝竹(*Dendrocalamus minor*)、杂交竹、松树、香椿(*Toona sinensis*)、臭椿(*Ailanthus altissima*)、苦楝(*Melia azedarace*)、栾树(*Koelreuteria paniculata*)、金银花、山葡萄、花椒(*Zanthoxylum bungeanum*)、杜仲(*Eucommia ulmoides*)、翻白叶树(*Pterospermum heterophyllum*)、樟树(*Cinnamomum camphora*)、木荷(*Schima superba*)、含笑(*Michelia* spp.)、柚木(*Tectona grandis*)和女贞(*Ligustrum lucidum*)等树种。

广西开展了大面积石山荒漠化治理，营建多种多样的生态公益混交林，主要种植树种有竹子、香椿、菜豆树(*Radermachera sinica*)、南酸枣、苦楝、苏木(*Caesalpinia sappan*)、山葡萄、金银花、车桑子(*Dodonaea viscosa*)和木豆等，普遍推广了“总体封山育林，石窝栽种竹、木、药”治理模式。即在封山禁牧的基础上，采用竹子+翅荚木、翅荚木+木豆、翅荚木+金银花、翅荚木+山葡萄等复合经营模式。

与翅荚木混交效益较好的模式主要有以下几种：

(1)与竹子混交的水土保持、水源涵养林模式。华南地区竹子分布广、种类多、用量大，发展竹子是华南地区林业产业的重要方向，而竹子也是营造生态公益林的优良树种。广西、贵州等省区吊丝竹常常连片种植，尤以广西的石山地区，种植吊丝竹经验丰富，广西田阳县有吊丝竹约1万hm^2，除村前屋后种植外，石山坡上也种上了大量连片的吊丝竹林。由于竹材和翅荚木木材的需求量的影响和生态公益林建设的需要，广西在石漠化治理中进行了吊丝竹与翅荚木混交的种植模式。广西那坡县龙合乡已成林的竹木混交林中每公顷有翅荚木270株、吊丝竹225株，呈株状混交，林分郁闭度0.6。马山县里当乡竹林混交林中除翅荚木外，还有翻白叶树、菜豆树、香椿、泡桐等树与吊丝竹混交，树木总量350株·hm^{-2}，吊丝竹600株·hm^{-2}，吊丝竹是在翅荚木等树种生长成林后，才进行株间间种的，如翅荚木和竹子同期种植，则因竹子生长过快而抑制树木生长。2007年，广西天等县在营造混交林采用块状混交方式，即种植7行翅荚木，再种植3行吊丝竹。翅荚木株行距2m×3m，每公顷种植825株；吊丝竹株行距3m×3m，每公顷种植555株。

（2）与金银花混交的乔灌复层水土保持、水源涵养林模式。广西忻城北更乡加乐村地处石山区，该村以高大挺拔翅荚木与覆盖裸岩的金银花藤混交为主要造林模式。翅荚木种后8~10年即可成林。混交林中，翅荚木每公顷种植450~750株。金银花每公顷种植450~600株，采用扦插营养杯苗种植，种植后2~3年可采花。金银花耐干旱、耐贫瘠，根系发达，具有较强的生根和附着能力，能扎入石缝及土壤1m左右，根幅一般为1~2m，很好地固结地表土壤。其枝条匍匐于岩石、地面上，既能减少热辐射，调节微小气候，又能减轻雨水冲刷地面，具有较强的水土保护能力。金银花和翅荚木的落叶都是很好的有机肥，对改善土壤肥力具有良好的作用，对生态林生长起良好的促进作用。

（3）与山葡萄混交的乔灌复层水土保持、水源涵养林模式。在坡度较缓的石山下坡，翅荚木可与山葡萄混交种植。翅荚木每公顷种植450~750株。山葡萄每公顷种植450~600株，采用营养杯组培苗定植，通常在大石块周围选择土层深厚肥沃、潮湿的一侧挖穴。穴长×宽×深为40cm×40cm×40cm，每穴施用土杂肥5~6kg、复合肥50g，覆土回穴与肥料拌匀。较小的石块挖1~2穴即可，较大的石块根据实际情况而定，一般间距3~4m。

（4）与木豆混交的复层水土保持、水源涵养林模式。木豆又名树豆、黄豆树等，蝶形花科莱豆族木豆属中的一个栽培种，其中部分品种引种自国际半干旱研究所。木豆具有适应石山区耕地、荒地、山地种植的特点，又是木本作物，能集粮、饲、林特点于一身，具有很好的推广应用前景。在广西大化瑶族自治县七百弄乡石山地区种植的木豆，植株高达1.50~3.1m，结果分枝数18~20枝，平均每公顷产豆籽粒2142kg，是石山地区绿化荒山、防治水土流失、向荒山要粮要饲料的速生作物。翅荚木林下间种木豆，收到良好的生态效益和经济效益。翅荚木以纯林密度营造，木豆可在翅荚木株间空地间种，一般与翅荚木基部保持0.5m的距离。

（5）与牧草混种的林草、林牧结合模式。有牲畜饲养习惯的地区，为解决建立生态公益林后饲料的不足，可考虑翅荚木与牧草混种，以获得更多的饲料。翅荚木种植密度相同或略低于纯林密度，每公顷种植1110~2250株。根据调查，当翅荚木生长2~3年后，其根系已生长到较深的土层中，此时再种植须根型的牧草，对翅荚木生长不造成抑制。如果树草同时种植，往往牧草生长旺盛，翅荚木生长不良。

（6）与大果枇杷、杜仲、花椒、车前子混交的生态经济林模式。在岩石裸露较少的石山坡地，翅荚木可与大果枇杷等经济树种混交种植，达到生态效益和经济效益双丰收。翅荚木种植密度种植450~750株。大果枇杷种植株行距为4m×4m，每公顷种植625株，挖穴规格长宽各1m，深0.8m，回土一半时施有机肥50g/穴，采用一年生营养杯嫁接苗在雨季造林，种植后淋足定根水。造林后每年施肥2次，以复合肥+有机肥混施，每次每株施肥500~1000g。

（7）封造结合模式。以在石山上部，山体陡峭，以封山育林为主，封造结合，适当补植吊丝竹、翅荚木、香椿、银合欢等树种，形成人工与天然杂灌混交林。

王青天等（2004）研究表明，在福建、湖南、贵州等省区，与翅荚木混交的树种主要有福建柏、竹子、香椿、桑树（*Morus alba*）、油桐（*Vernicia fordii*）、盐肤木（*Rhus chinensis*）。如营建翅荚木和福建柏混交林，造林时采用隔行种植，一行翅荚木，一行福建柏，形成翅荚木和福建柏行间混交林。福建柏造林时注意苗梢不反山，有白粉的面向上坡，要分层填土，分层踏实，填土要满，防止雨季积水浸苗或干旱时苗木枯死。福建柏是常绿针叶树种，冠窄，生长后期树冠成塔形，树形美观；翅荚木是落叶阔叶树种，树冠枝叶茂盛。两树种的林冠形成上下两层，能截流雨水保护林地地表层。翅荚木落叶多，分解后可增加土壤肥力，能改良土壤理化性质，促进福建柏林木生长，防止水土流失，改善林地生态环境。在福建南部地区干旱瘠薄的山地，已大力推广这种混交造林技术。

8.3.5 抚育管理

小苗定植后，在根部四周盖些干草，减少穴中水分蒸发。如果是播种造林，种子约经15d陆续发芽出土，7月幼苗长至20cm左右时，进行除草间苗，每穴留壮苗1~2株。造林当年冬季或来年春季补植时，宜用容器大苗补植，做到一次性补植成功。在幼树生长期间，派专人管护树林，防止牲畜啃吃、践踏或人为破坏，保障翅荚木生长。

8.4 翅荚木林木主要病虫害防治

翅荚木抗病虫能力强，未曾发现严重的受害情况。据文献资料查阅和实地调查探访，翅荚木人工林偶有烟煤病、鞍象(*Neomyllocerus hedini*)、八点灰灯蛾(*Creatonotus transiens*)和天牛(*Cerambycidae*)等病虫危害，现将其危害情况及防治方法总结如下。

8.4.1 烟煤病

病害危害翅荚木的叶片和枝条，严重时可全株发病。黑色煤状物先在叶正面沿主脉产生，再逐渐扩散至全叶，严重发生病的树木，树冠如被盖上一层煤烟。

此病以菌丝体、分生孢子器和闭囊壳等在感病枝叶上越冬。翌年在温湿度适宜的条件下，繁殖出孢子，并借风雨传播，以蚧壳虫、白蛾蜡蝉、粉虱、叶瘿螨等害虫的分泌物为营养。每年3月上旬至6月上旬为盛发期，夏季因气温高停止蔓延，9月下旬至11月份为病害第二次发生期。但海拔500~700m地区在夏季仍能危害。

防治方法：①农业防治：加强管理，坚持合理施肥，适度抚育除草，以利通风透光，增强树势，减少发病。②用药防治蚧壳虫、白蛾蜡蝉、粉虱等刺吸式口器的害虫，减少发病因素。③对发病较重的林分，掌握在发病初期，连续用药2次，相隔10d左右喷1次。选用药剂有：70%甲基托布津可湿性粉剂，或75%百菌清可湿性粉剂，按1∶1混合后的600~800倍液，或77%可杀得可湿性粉剂800倍液，或0.3%~0.5%波尔多液等。

8.4.2 鞍象

鞍象成虫啃食幼芽和叶片，专吃叶肉，有的甚至把全叶吃光，只剩主脉，不仅直接影响翅荚木的抽梢和生长，而且还影响开花结果。受害植株要到秋季才能长出一些新叶和秋稍。

防治方法：①保持合理密度，避免过伐、过疏。冬季及早春清除杂草，可消灭越冬幼虫。5月上旬成虫出土活动时铲除林地中的杂草、蕨类植物、青冈等第二寄主，阻止成虫补充营养。②保护树蛙等捕食天敌。③晚上用塑料袋捕捉躲藏到叶子背面的成虫。④2月当气温上升到10℃以上时，幼虫开始活动和取食，用灭幼脲(1∶2000)淋浇。2~6月在林地施白僵菌。

8.4.3 八点灰灯蛾

八点灰灯蛾分布于全国各地。是一种广食性害虫，常间歇性成灾。

防治方法：①冬季及早春清除林地的杂草、石块，可消灭部分越冬幼虫及部分蛹。②幼虫盛发危害期，夜间用黑光灯诱杀幼虫，可减少虫源。③成虫产盛期，摘除卵块，在受害严重的地方，晚间或清晨捕捉幼虫。④用5%来福灵4000倍液或Bt乳剂500倍液，可控制幼虫危害。喷药应掌握在初孵幼虫群集时进行人工捕杀。

8.4.4 天牛

我们在调查时发现广西平果、龙州等地翅荚木人工林有天牛危害，天牛幼虫蛀干，影响水分和营养输送，主枝受害后易风折，严重者枯死。

防治方法：①诱杀成虫。该成虫有趋光性，在羽化盛期，于林内装上黑光灯诱杀成虫。②修剪枝虫枝。发现被害枝，及时剪除，以杀死枝条内的幼虫。③钩杀或毒杀。用铁线顺蛀孔钩杀幼虫。对蛀孔较深的幼虫，可用吸水纸或蘸上80%敌敌畏乳油的药棉塞入孔内，然后用黄土封堵孔口，以毒死蛀道内的幼虫。

第9章　翅荚木综合利用

翅荚木作为我国的珍稀速生树种，其生长迅速，萌芽更新能力强，适应性强，是我国南方短周期工业原料林建设和绿化美化环境的理想树种，也可作为食用菌的栽培基质。由于翅荚木在近几年我国西南山区石漠化治理过程中才被逐渐认识，对其木材材性等的研究较少，从而对其利用价值的认识相对不足。本章重点分析翅荚木木材材性，并利用枝干进行种菇试验，探索翅荚木木材的利用途径。

9.1　翅荚木木材材性

木材经济利用价值的高低，与木材基本性质有着密切关系。木材性质一般包括构造性质、化学性质和物理力学性质等。木材是一个各向异性的、多孔性的毛细管胶状有机体，差异性很大。它因树种而异，即使同一树种生长在不同环境条件下，木材的基本性质也不同；同种不同株，同株不同部位都有显著的差异。这些差异严重影响着木材的加工和利用。了解木材的一般性质，探索木材在自然界中变异规律，是木材的合理利用，扩大使用范围的基础。

9.1.1　木材显微结构

木材的微观构造除对木材的种类鉴别有重要意义外，更重要的是与木材物理力学性质、加工利用有着密切的关系。木材的细胞，是以各种不同形式由胞间层把它们黏结在一起，形成多孔隙的木材实体。在实验室里常用化学处理方法离析各种木材，使其各个细胞分离。

侯伦灯等(2001)对福建省永安市东波林场的翅荚木木材作了显微结构分析，结果表明：翅荚木木材导管横切面呈圆形或卵圆形，单管孔及少数径列复管孔，复管孔由2~4个组成，螺纹加厚未见，管间纹孔式互列，穿孔单一，导管与射线间纹孔式类似管间纹孔式。轴向薄壁组织丰富，呈环管束状、翼状、轮界状或不规则带状。木纤维壁薄至厚，单纹孔式略具狭缘。木射线局部排列较整齐，单列射线甚少，2~4列较多，内含少量树胶。

9.1.2　木材主要物理与化学特性

木材物理性质是指既不改变木材化学组成，又不破坏试样的原有尺寸即可测得的性质。木材的加工利用方式，在一定程度上是以木材物理性质为基础的。物理力学性质包括木材水分、木材密度、干缩、吸湿、透气等。翅荚木木材绝对含水率19.4%；木材密度较低，全干密度0.335g·cm^3，气干密度0.378g·cm^3，基本密度0.314g·cm^3；吸水性较强，吸水率分别为45.6%(6h)和178.5%(24h)(侯伦灯等，2001)。

纤维素、半纤维素和木质素三种化学物质是木材的主要成分，构成木材的细胞壁和胞间层。果胶、淀粉、灰分和浸提物等为木材的次要成分，存在于木材细胞腔。据侯伦灯等

(2000)的研究，翅荚木主要化学成分为纤维素 48.72%，木质素 20.35%，戊聚糖 25.65%，1% NaOH 抽出物 14.34%，热水抽出物 3.8%，有机溶剂抽出物 2.42%，灰分 0.48%。

9.1.3 木材纤维形态特征

制浆和造纸是木材纤维的主要用途。影响浆粕质量和纸张强度的因子是纤维长度、离散系数、分布频率以及微纤丝角等。近年来研究证明，纤维长度不但能影响纸张撕裂度，而且影响纸张的抗拉强度、耐破度和耐折度等。因而纤维长度是衡量制浆造纸用材优劣的重要因子之一(赵天锡等，1994)。

翅荚木木材纤维的导管平均弦径 184μm，木纤维平均长度 0.91～1.49mm，木纤维平均直径 15.0～18.0μm，长宽比 50.6～90.3(侯伦灯等，2001)。我们对湖南株洲 5 年生翅荚木木材不同年轮的纤维形态进行研究时发现，木材纤维长度存在一定的变异，详细的研究结果见表 9.1。

表 9.1 翅荚木不同年龄纤维形态分析

Table 9.1 Fiber morphology of *Z. insignis* at different age

项目	第 1 年		第 2 年		第 3 年		第 4 年		第 5 年		总均值	
	长度	宽度	长度	宽度	长度	宽度	长度	宽度	长度	宽度	长度	宽度
最小(μm)	487	13.1	626	13.1	835	13.1	896	13.1	887	13.1	746	13.1
最大(μm)	1 052	26.3	1 087	26.3	1 322	26.3	1 548	26.3	1 678	23.0	1 337	26.6
平均(μm)	792	20.7	896	19.6	1 028	19.5	1 177	19.1	1 157	19.0	1 010	19.6
变异系数(%)	16.9	15.7	10.7	15.4	11.8	15.5	12.4	16.0	14.8	15.9	19.9	16.1
长宽比	38	46	53	62	61	52						

从表 9.1 可知，翅荚木纤维长度的最小、最大和平均值以及长宽比，均随生长轮年龄的增加而增大，而纤维宽度则随生长轮年龄的增加而略有减小，其纤维宽度的最小和最大值却是恒定的。纤维长宽比是影响纸张质量的重要因子之一。一般认为，纤维的长宽比值愈大，纸张的撕裂强度愈高，比值小于 35～45 的纤维不适宜造纸。按国际木材解剖学会规定阔叶树材纤维长度 900～1600μm，居中等长度，而翅荚木 5 年生时平均纤维长度 1010μm，长宽比 52，像这样韧而长的纤维是优良的造纸原料。

将 5 年生翅荚木的木材纤维形态与树龄相同的桉树及杨树做比较分析，分析结果如表 9.2 所示。由此可知，5 年生翅荚木的纤维长度除只比 I－69 杨纤维长度短 7.2% 外，均长于赤桉(*Eucalyptus camaldulensis*)、尾叶桉等各种桉树的纤维长度，是桉树平均值的 1.25 倍；纤维宽度比 5 年生 I－69 杨窄 10.2% 外，比其他各种桉树宽 23.98%；纤维长宽比比桉树小 23.1%，而比杨树提高 4.88%。从纤维形态上分析，翅荚木与杨树和桉树一样，是一种优质的纸浆材原料。

表 9.2 翅荚木与桉树、杨树的纤维形态比较

Table 9.2 Fiber morphological comparison between *Z. insignis*, *Eucalyptus* and *Populus*

树 种	年龄(a)	纤维长度(μm)	纤维宽度(μm)	纤维长宽比
翅荚木	5	1010	19.6	52
赤桉	5	700	13.0	54
尾叶桉	5	863	17.0	51
柳桉	5	870	14.7	59
I-69 杨	5	1083	21.6	50

9.1.4 翅荚木木材燃烧值

燃烧值是物质燃烧性质的重要参量，它是指单位质量的物质完全燃烧并冷却到参加反应物质的起始温度时所放出的热量(郭伯伟等，1961)。翅荚木材质坚硬，枝桠燃烧性能好，烟少、火旺，排出的气体无毒、没有残渣，不污染环境，热值高达 17613.9kJ · kg^{-1}。可同一些传统优良薪炭材相媲美。美国对生物质能源材料的研究居世界领先水平，纽约州立大学林业与环境科学学院对高热值速生能源树种的选育、培育及收获利用技术研究已有 30 年的历史，选育出的 3 个杨树专用生物质能源无性系，即 'Trichober'、'Ghoy'、'Beaupre'，其热值达 20591 ~ 29416 kJ · kg^{-1}(龙应忠等，2007)。

根据调查和已有文献资料(高尚武等，1990)，得到翅荚木与其他主要燃料树种的木材燃烧值(表 9.3)。从表中可知，高燃烧值的树种为马尾松、湿地松和杨树无性系等，其燃烧值均大于 20000kJ · kg^{-1}，中等的桉树、铁刀木等的燃烧值为 18000kJ · kg^{-1}左右，翅荚木的燃烧值与木荷相当，略高于桑树。

表 9.3 翅荚木与其他燃料树种的木材燃烧值

Table 9.3 Combustion value of *Z. insignis* and other species used to be fuel

树 种	拉丁学名	燃烧值 (kJ · kg^{-1})	树 种	拉丁学名	燃烧值 (kJ · kg^{-1})
马尾松	*Pinus massomiana*	21067	栓皮栎	*Qurecus variabilis*	18685
湿地松	*Pinus elliottii*	20988	银合欢	*Leucaena glauca*	18634
杨 树	*Poulus* spp.	20591 ~ 29416	铁刀木	*Cassia siamea*	18083
黑荆树	*Acacia m earnsii*	19437	木 荷	*Schima superba*	17686
细叶桉	*Eucalyptus tereticornis*	18885	翅荚木	*Zenia insignis*	17614
赤 桉	*Eucalyptus cam aldulensis*	18810	桑 树	*Morus alba*	16720

9.2 翅荚木木材加工利用

9.2.1 翅荚木人造板加工

翅荚木具有生长迅速、丰产、出材量高的特性。它树干通直、圆满，材质轻，木材结构细密、抗压抗弯力强、色泽纯清、纹理通直、均匀；经水浸后不翘不裂、不易变形、不

易受虫蛀，便于加工，容易干燥。上述主要材性表明，翅荚木木材是一种理想的人造板生产原料。目前，以翅荚木为加工原料的阻燃纤维板、刨花板等人造板已经试制成功，能达到美国试验和材料学会 ASTM Standard E－906 检验标准(侯伦灯等，2000)。试验结果也说明翅荚木木材可适应普通或特种功能纤维板、刨花板和单板层积材的生产。经阻燃处理和表面装饰后的阻燃性能和表面理化性能理想，产品可广泛应用于建筑、室内装修、家具制造等行业(侯伦灯等，2001)。

翅荚木阻燃中密度纤维板加工，即翅荚木原料经切片、蒸煮软化、纤维分离、纤维干燥、施加阻燃剂、防水剂与胶粘剂、铺装成型、热压、检测等工艺过程。主要工艺参数为：纤维分离度约 20～25s；纤维含水率 6%～10%；施加胶粘剂 14%～16%；施加阻燃剂 8%～14%；防水剂量 115%；热压压力 218～410MPa；热压温度 155～185℃；热压时间 30～50s·mm^{-1}。

翅荚木阻燃刨花板加工，即翅荚木原料经 BX216 鼓式削片机和 BX466 刨片机制备刨花、刨花在试验室干燥箱进行干燥、施加阻燃剂、刨花再干燥、施加胶粘剂与防水剂、铺装成型、热压、检测等工艺过程。主要工艺参数为：木段含水率 40%～60%；干燥后刨花含水率 5%～8%；施加阻燃剂 10%～14%；施加胶粘剂 12%～16%；施加防水剂 1%；热压压力 218～315MPa；热压温度 155～175℃；热压时间 40～600 s·mm^{-1}。

翅荚木阻燃单板层积材加工，即翅荚木原木段经温水浸泡、旋切、单板干燥、涂胶、顺纹组坯、预压、陈放、热压、检测等工艺过程。主要工艺参数为：木段浸泡水温 50～60℃；单板名义厚度 211mm；单板含水率 3%～5%；单板背面裂隙 70%～80%；单板涂刷或浸渍阻燃剂 12%～16%；涂胶量 160～200g·m^{-2}(单面)；单板层积材名义厚度 26mm；压缩率 10%；热压压力 112MPa；热压温度 160～180℃；热压时间 60～90 s·mm^{-1}。

饰面处理，即基材使用低压短周期三聚氰胺浸渍纸饰面技术工艺，该技术原是为刨花板二次加工而研究开发的新技术，近年来在人造板生产上得到广泛应用。主要工艺参数为：基材厚度偏差 ±0.1mm；基材含水率 6%～8%；浸渍纸三聚氰胺树脂含量 80%～120%；残留挥发成分 6%～8%；热压压力 212～218MPa；热压温度 175～195℃；热压时间 50～60s。

9.2.2　翅荚木纸浆材利用

近年来随着天然林保护工程的实施，且随着人口的增长、经济高速发展和人民物质文化水平的提高，我国纸张的供需矛盾和木材的短缺日益严重。为了改善木材资源缺乏的现状，世界各国均加大人工林培育的力度，不断探求合理高效利用林木资源和提高森林培育措施的途径，提出了森林培育与木材加工利用一体化的“林—工”和“林—纸”一体化的生产体系，解决了林木培育与木材加工利用相互脱节的现状，在提高人工林产量的同时，也使木材质量得到改善与提高，对森林培育业的发展必将产生深远影响。随着我国木材资源结构性的变化，从利用天然林木材为主向利用人工林木材为主的转变，向木材科学工作者提出了新的挑战，要求木材科学给予人工林的营林培育和加工利用以有效的科学指导(鲍甫成等，1998)。

对纸浆材而言，纤维形态是影响造纸的主要性能。纤维形态是评价纤维原料的重要依据，尤其是造纸的纤维物理作用，纸张强度与纤维形态有密切关系，因此纤维形态是影响造纸原料质量的首要因素(朱惠方等，1962)。纤维长度是决定纸张强度的最重要的因素

(李忠正，1997)。翅荚木韧而长的纤维形态证实了其是优良的造纸原料。翅荚木生长迅速，种植5~6年就可砍伐。据测算5年生的翅荚木高12m、胸径17cm，平均年轮宽3.4cm。福建金清远丰产(纸材)基地有限公司对翅荚木的各种造纸指标测试的结果表明，翅荚木的出浆率比桉树高，该公司在广东阳山将翅荚木作为纸浆材丰产林的首选造林树种。

9.2.3 翅荚木高热值生物质燃料

能源危机是人类即将面临的巨大挑战，生物质能源的开发利用已成为当今国际上的一大热点。目前，生物质固体燃料利用是我国林木生物质能主要3种利用方式之一。生物质固体燃料利用的主要方式是将木质加工成固体燃料、木质燃料发电等。高热值速生能源树木是生物质固体成型燃料的最优质的基础原料之一(李育材，2006)。

高热值生物质发电在发达国家已受到广泛重视，主要采用生物质锅炉直接燃烧发电、生物质—煤混合燃烧发电和生物质气化发电。芬兰是欧盟国家利用生物质发电最成功的国家之一，2001年芬兰西部的皮耶塔萨里市建成了世界最大的生物质发电站。1999年，瑞典供热和热电联产所消耗的能源中，26%是生物质。2002年，美国利用高热值生物质发电的电站约有1400家，发电装机容量已达850万kW，年发电58亿度，消耗6500万t生物质燃料。法国、西班牙研究利用菊科植物发电，英国将象草作为绿色能源。在亚洲，经常闹“电荒”的印度则利用阿拉伯胶树进行发电研究。

目前，我国对高热值速生能源树种的利用则以提供农村家庭生活用薪炭材为主要目的，如蒸饭、烧水、取暖等，对以提供能源为目标作为工厂发电的能源植物培育及利用研究则刚刚开展，与欧美发达国家相比还存在很大的差距。我国林木生物质成型燃料技术的研究开始于1985年。经过20多年的开发，现在国内已经开发成功的有棒状和颗粒状成型燃料生产技术，主要是利用木屑为原料，已经建立数十家棒状成型燃料生产企业。颗粒成型燃料的研究开发也取得较好的进展(何祯祥等，2006)。在木质燃料发电方面，中国国能生物发电有限公司拟在黑龙江省庆安县建设一座装机容量2.5万kW的林木生物质发电厂，北京国林山川生物能源有限公司拟在内蒙古通辽市奈曼旗建设一座林木生物质发电厂，目前已完成了可行性研究报告。

翅荚木具有良好的萌芽更新特点，其顶芽、腋芽和不定芽的萌发能力均很强，截顶或采伐后，萌株生物量大，更新周期短。头木薪炭林经多代砍伐利用，林分长势不衰，是理想的能源树种。3年生试验幼林，平均树高6.8m、胸径5.7cm、冠幅2.7m、地上部分每公顷可产鲜薪材39.15t。随着林龄的增长，薪材产成量不断提高，在6年生头木林中，每公顷以1200~1350株计，4年为一轮伐期，每伐一次可产干柴73.5t。同时，翅荚木造林容易，投资少，见效快，是石灰岩地区燃料能源林的理想树种。随着我国颗粒状成型燃料生产技术的不断创新，翅荚木作为生物质能源林的前景将越来越广阔。

9.3 翅荚木木屑的食用菌栽培

翅荚木是苏木科植物，其木材中含有丰富的木质素、纤维素等营养物质，并且所含的氮素含量比一般树种稍高，是食用菌栽培的良好材料，可以作为菇木林专用树种来经营。

9.3.1 香菇栽培

香菇又名香蕈、冬菇，是食用蘑菇菌类的一种，为“山珍”之一，以个大肉厚、菇面完整、气味香鲜者为佳。香菇是一种营养好、高蛋白、低脂肪的“健康食品”。2008 年，我们对翅荚木木屑做了种菇试验，以期发掘一种新的优良菇木树种。种菇试验场地位于浙江省缙云县舒洪镇仁岸村，翅荚木枝干 2007 年采自广东省翁源县，香菇菌种为 931 菌种，由浙江省丽水市林业科学研究院生产。

9.3.1.1 基质配方

先将翅荚木枝干用粉碎机粉碎成木屑，根据栽培基质中木屑翅荚木含量的多少设置试验处理。基质配方为：

(1)翅荚木木屑 48%，杂木屑 30%，麦麸 20%，糖 1%，石膏 1%，常规配方。

(2)翅荚木木屑 40%，杂木屑 40%~42%，麦麸 16%~18%，石膏 1%。

(3)翅荚木木屑 60%，杂木屑 20%~22%，麦麸 16%~18%，石膏 1%，硫酸镁 0.5%~1%。

(4)翅荚木木屑 40%，杂木屑 38%~42%，麦麸 16%~20%，石膏 1.5%，硫酸镁 0.5%，糖 0.5%。

(5)翅荚木木屑 35%，杂木屑 44%，麦麸 12%，玉米粉 5%，豆饼粉 2%，石膏 1%，糖 0.5%，硫酸镁 0.5%。

(6)翅荚木木屑 68.2%，米糠 15%，棉籽壳 15%，石膏 1%，糖 0.3%，硫酸镁 0.5%。

9.3.1.2 培养管理

基质按配方制作成菌棒后，进行灭菌，接种，发菌。香菇菌棒的发菌管理是香菇栽培的关键环节，菌丝生长的质量，香菇产量高低与发菌管理密切相关。温度、氧气、光照是影响菌丝生长的最主要因素。管理得当，菌丝生长快而健壮，说明培养料内的营养分解得快，菌丝养分积累多，为快出菇和出好菇打下良好基础，若管理不好会出现菌丝生长慢、乏力，甚至烧棒等现象。

9.3.1.3 出菇时间与产量

种菇试验的木屑设置 4 种不同处理：处理 A，翅荚木与杂木木屑比为 42∶40；处理 B，翅荚木与杂木木屑比为 62∶20；处理 C，全部为翅荚木木屑；处理 CK，全部为杂木木屑。从 2008 年 6 月 9 日开始采菇，至 2008 年 12 月 1 日结束，对不同基质处理的菌棒每天出菇情况进行统计，结果如图 9.1。由图 9.1 可以看出，不同处理间的出菇期没有明显的差异，翅荚木木屑栽培袋料香菇的出菇期与其他杂木栽培的出菇期基本一致。处理 A、B、C 和 CK 的出菇高峰期都出现在 6 月 9~16 日，然后直至 9 月 1 日均未出菇，9 月 8 日至 11 月 3 日各处理有陆续出现了几个小高峰。

香菇每菌棒栽培产量是香菇种植最主要的指标。通过采收的香菇鲜重对 4 个处理进行了比较(表 9.4)。处理 CK 菌棒共鲜香菇 44.00kg，处理 A 为 38.85kg，处理 B 为 35.85kg，处理 C 为 33.65kg，各处理平均每袋分别产鲜香菇 1.83g，1.62g，1.49g，1.40g，不同基质配方之间存在极显著的差异。由表可以看出，在 4 个处理在相同菌棒情况下，处理 CK 产量最高，产量随着翅荚木木屑比例增高而减少。

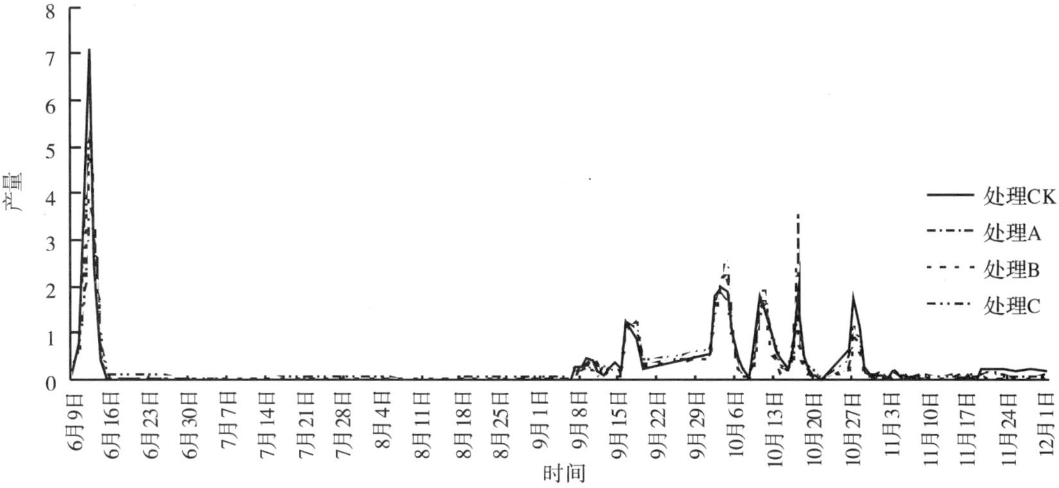

图 9.1 翅荚木木屑栽培香菇出菇时间

Figure 9.1 Starting time of mushroom producing with *Z. insignis* sawdust

表 9.4 翅荚木木屑含量对单个菌棒产菇量的影响

Table 9.4 Effect of *Z. insignis* sawdust content on Lentinus output

处理	100% 杂木	51.22% 翅荚木	75.61% 翅荚木	100% 翅荚木	*F* 值	*p* 值
产量	1.83 aA	1.62 bB	1.49 cC	1.40 dD	127.6680	0.0001

注：*LSD* 法多重比较结果以字母标记表示，小写字母标记 5% 显著水平，大写字母标记 1% 极显著水平。

9.3.1.4 生物转化率

生物转化率是反映树种作为香菇栽培基质的重要指标。生物转化率高的树种，相对投入少，产量高。一般认为生物转化率高于 100% 为高产树种，生物转化率达 80%~100% 为一般可栽培的树种，生物转化率低于 80% 则不易选用。翅荚木木屑种植香菇，生物转化率为 109.38%，添加部分翅荚木木屑的，其生物转化率为 109.38%~110.96%，虽然与杂木有一定的差距，但没有达到极显著差异(表 9.5)。因此，翅荚木木屑可以作为香菇栽培基质使用。

表 9.5 不同木屑栽种香菇的生物转化率

Table 9.5 Biotransformation rate of Lentinus produced with different sawdust

处理	100% 杂木	51.22% 翅荚木	75.61% 翅荚木	100% 翅荚木	*F* 值	*p* 值
转化率	114.38% aA	110.96% abA	109.56% bA	109.38% bA	3.6550	0.0829

注：*LSD* 法多重比较结果以字母标记表示，小写字母标记 5% 显著水平，大写字母标记 1% 极显著水平。

9.3.2 黑木耳栽培

翅荚木材质疏松，含氮素营养多，易腐化分解，与袋料香菇相比，更适合袋料黑木耳的栽培利用，按当前的香菇黑木耳栽培现状，袋料黑木耳栽培更具有成本低、周期短、效益高的优势，利用翅荚木木屑栽培黑木耳是农业增效、农民增收的一项重大举措。

9.3.2.1 工艺流程

黑木耳是一种中温型菌类。排场一般选择在 15℃ 以上 25℃ 以下最为合适。可分为春季栽培和秋季栽培。秋季栽培在7月中旬至9月底，随着海拔提高栽培时间相应提早。800米海拔以上地区可在7月中旬开始制袋接种，平原地区一般选在9月份较为合适。春季栽培选在11月份至12月份。平原地区不适合于春季栽培。

工艺流程：配料→拌料→装袋→灭菌→冷却→接种→培养菌丝→刺孔养菌→排场见光→长耳管理→采收。菌棒制作操作与香菇栽培完全相同，在培养料配方、菌棒发菌管理、出田排场和管理不同，这里介绍利用翅荚木栽培黑木耳的培养料配方，发菌管理和出耳管理。

9.3.3.2 推荐配方

(1)翅荚木屑67.5%、麸皮10%、砻糠20%、红糖1%(或0.1%"菇耳丰")、石膏1%、含水量1∶1.1，石灰0.5%。

(2)翅荚木屑62.5%、棉籽壳20%，麸皮15%、红糖1%(或0.1%"菇耳丰")、石膏1%、含水量1∶1.1，石灰0.5%。

(3)翅荚木屑37.5%，硬杂木屑30%、麸皮15%、棉籽壳15%，红糖1%、石膏1%、含水量1∶1.1，石灰0.5%。

9.3.3.3 栽培管理

黑木耳菌棒的发菌管理是栽培的关键环节，菌丝生长的质量与产量高低密切相关。温度、氧气、光照是影响菌丝生长的最主要因素。菌丝生长以25～28℃最好。黑木耳为好氧性真菌，在整个培养过程中要确保耳棒周围空气流通新鲜。光对黑木耳菌丝有刺激作用，能促进耳芽形成，影响菌丝体正常生长，培养时要提供黑暗条件。

出耳管理阶段的重点是水分管理。脱袋后2～3d，采用水雾喷带调控基质和空间湿度。喷水的原则是"干干湿湿"，喷水要求细喷、勤喷。喷水的标准是看耳片状态定量。长耳时期，确保耳片膨胀湿润、鲜嫩。耳片干缩营养吸收受阻，影响耳片生长；耳片过湿，影响空气吸收。特别是在温度高于28℃时容易流耳、烂耳。通过喷水保持耳片湿润，一般可在每天的10：00～16：00进行连续喷雾。但温度高时，一般在25℃以上要早晚喷为宜。采前1～2d停止喷水。每批木耳采收后停止喷水一周左右，以利基内菌丝恢复。待新耳基形成后，再按第一批管理。

采收前1～2d要停止喷水，采耳时不要将耳根留在棒内；同时不要带培养料太大，采下的耳片要清理干净，丛生的朵形要按耳片状分开，以此提高商品价值，然后晒干。晾晒时耳片朝上，耳根朝下，未干时不要随便翻动，若遇阴雨天，采用易于搬动的物体晾晒，避免未干时造成拳耳。

9.4 翅荚木其他利用

9.4.1 叶片营养与利用

翅荚木叶片蛋白质含量高，营养丰富，食口性好，耐砍伐，是值得开发利用的木本饲料。根据范霭萱等(1995)采样分析，翅荚木叶部干物质中含粗蛋白质25.7%，粗脂肪9.6%，粗纤维19.0%，无氮浸出物39.4%，粗灰分6.3%，钙1.36%，磷0.19%；含总能量20.11 MJ·kg^{-1}，对羊、猪的消化能分别为12.04MJ·kg^{-1}、10.01 MJ·kg^{-1}。翅荚木叶片还含18种氨基酸，其中赖氨酸0.76%，蛋氨酸0.30%，组氨酸0.31%，精氨酸0.86%，亮氨酸2.07%，异亮氨酸0.77%，苯丙氨酸0.90%，苏氨酸0.83%，胱氨酸

0.71%，缬氨酸0.86%。可见翅荚木叶片营养丰富，与槐树和银合欢相当，牛羊猪禽等均喜欢采食，在广西平果等地，翅荚木叶片是牛羊的主要饲料。

9.4.2 园林绿化

翅荚木主干挺拔高大，形态优美、壮观。广西桂林雁山植物所内，无人工抚育管理的条件下生长的翅荚木，18年生时植株平均高达20m以上，最高植株为23.4m，年平均生长1.3m；平均胸径48.1cm，最大胸径达64.9cm，年平均生长3.6cm。每年三四月，紫红色嫩芽吐满枝头，披长柔毛，羽状复叶，随风摇荡，一派艳丽的春天气息。5月，棕红色繁花相争吐艳，撒满枝梢。树下仰望，绿叶蓝天中似红霞万朵，满树生辉；远眺又似万绿丛中挂上片片釉彩，令人驻步难移。深秋十月，椭圆状长方形的棕褐色荚果挂满枝条，在送爽的秋风中飘然摆舞，仪态万千。人们因此又赋予她"飘柔美女"之雅誉。

翅荚木在园林绿化上可以在公园作孤立木种植，可以用作四旁绿化，可以作为行道树成行种植，也可以片植形成森林景观。

植物和园林、园艺学家发现，翅荚木盛夏浓荫蔽日，繁花盛开，秋日荚果串串，其柔枝细叶和硕果繁花，从春到秋，极富秀艳多姿的自然色彩，令人赏心悦目，极应园林游客酷夏阴、凉、静、歇，冬日光、照、暖，融游赏所需。因而它是装饰园林、美化公园、布置旅游景点和绿化村旁宅地不可多得的优良树种，更是一种难得的美化公园景区、景点布局的珍雅而又理想的优美树种。

参考文献

敖惠修，何道泉，张祝平等．1997．广东石灰岩地区的任豆群落[J]．热带地理，17(3)：275～282．
敖惠修，何道泉．1994．粤北石灰岩山地的造林树种及造林技术[J]．广东林业科技，1：16～19．
鲍甫成，江泽慧．1998．中国主要人工林树种木材性质[M]．北京：中国林业出版社．
闭彩玲．1999．翅荚木树的育苗造林技术[J]．中南林业调查规划，18(3)：23～25．
蔡道雄，卢立华．2001．石漠化治理的造林技术措施[J]．广西林业，(5)：11～12．
蔡乙东，曾巧如．2006．翅荚木育苗及造林实用技术[J]．热带林业，34(2)：45～46．
陈杰忠，徐春香．1999．低温对香蕉叶片中蛋白质及脯氨酸的影响[J]．华南农业大学学报，20(3)：54～58．
陈镜泓，李传儒．1985．热分析及其应用[M]．北京：科学出版社．
陈俊秋，慈秀芹，李巧明等．2006．樟科濒危植物思茅木姜子遗传多样性的ISSR分析[J]．生物多样性，14(5)：410～420．
陈亮明，陈永密，张巧琴．1997．翅荚木引种栽培耐寒力的调查研究[J]．林业科技开发，3：37～38．
陈清西，廖镜思，王明双等．1992．食用蕉若干品种类型叶片组织结构的比较观察[J]．福建农学院学报，21(4)：406～412．
陈瑞荣，尉春法，接富庆等．2004．欧美杨新无性系苗期年生长模型的研究[J]．河北林业科技，1：5～8．
陈晓阳．1989．树木种内的地理变异及其利用[J]．贵州林业科技，17(1)：79～85．
陈贻竹，B·帕特森．1988．低温对植物叶片中超氧化物歧化酶、过氧化氢酶和过氧化氢水平的影响[J]．植物生理学报，14(4)：323～328．
陈永密，张巧琴，陈亮明．1995．尿素浸种对翅荚木种子活力的影响[J]．植物生理学通讯，31(3)：198～199．
陈永密，张巧琴，张石玉等．1989．珍稀树种——翅荚木[M]．福州：福建教育出版社．
戴金平，简令成．1991．低温锻炼对黄瓜幼苗几种酶活性的影响[J]．植物学报(英文版)，33(8)：627～632．
范霭萱，梁兆彦，宋喜宣．值得开发利用的木本词料——任豆树[J]．广西畜牧兽医，1995，11(2)：20～23．
方小平，徐联英．1996．珍稀濒危植物——翅荚木[J]．贵州林业科技，24(2)：56～58．
傅立国．1992．中国植物红皮书——稀有濒危植物(第一册)[M]．北京：科学出版社．
甘绍团．2001．翅荚木裸根苗的育苗和造林[J]．广西林业，(6)：21．
高　琼．胡枝子不同种和种源耐旱、耐寒性变异研究．硕士论文[D]．北京：北京林业大学．
高尚武，马文元．1990．中国主要能源树种[M]．北京：中国林业出版社．
郭爱华，左宝峰，姚延祷等．2005．自然降温对雪松叶片中叶绿素及电导率的影响[J]．山西农业大学学报(自然科学版)，25(4)：393～395．
郭伯伟．1961．冶金炉燃料与燃烧[M]．北京：中国林业出版社．
韩善华，李劲松．1992．沙冬青叶片结构特征及其与抗寒性的关系[J]．林业科学，28(3)：198～201．
韩　涛，李丽萍，黄万荣等．1995．间歇升温对冷藏桃果实游离脯氨酸含量和冷害的影响[J]．果树科学，(12)：46～49．

何开跃，李晓储，黄利斌等．2002. 福建柏抗寒生理指标变化研究[J]．南京林业大学学报(自然科学版)，26(5)：10～14.

何小勇，柳新红，袁德义等．2007. 不同种源翅荚木的抗寒性[J]．林业科学，43(4)：24～30.

何小勇，魏 来，柳新红等．2007. 6 个翅荚木种源苗木抗寒性的测定与评价[J]．浙江林业科技，27(2)：41～44.

何义发，严昌荣．1996. 珍稀树种——翅荚木在恩施山地引种试验初报[J]．湖北林业科技，(1)：24～26.

何祯祥，王 伟．2006. 中国能源林业研发现状与发展策略[J]．林业科技开发，20(4)：8～12.

贺超英，陈益泰．2002. 桤木种源苗期生长和固 N 能力的变异[J]．林业科学研究，15(6)：680～686.

贺学勤，刘庆昌，翟 红等．2005. 用 RAPD、ISSR 和 AFLP 标记分析系谱关系明确的甘薯品种的亲缘关系[J]．作物学报，31(10)：1300～1304.

侯伦灯，李玉蕾，李平宇等．2000. 任豆树材性及阻燃纤维板的研制[J]．林业技术开发，14 (2)：30～32.

侯伦灯，李玉蕾，李平宇等．2001. 任豆树综合利用研究[J]．林业科学，37 (3) ：139～142.

胡孔峰，胡如善，张慎举．2006. 植物组织培养技术及应用[M]．郑州：河南科学技术出版社.

黄以江，王 宗．1982. 苹果属果树抗寒性的细胞学鉴定[J]．园艺学报，9(3)：23～29.

黄玉清，王晓英，陆树华等．2006. 岩溶石漠化治理优良先锋植物种类光合、蒸腾及水分利用效率的初步研究[J]．广西植物，26(2)：171～177.

黄月华，徐建民，余雪标．2005. 低温胁迫对桉树代谢的影响[J]．热带农业科学，25(5)：24～28.

简令成．1986. 不同种类桔柑叶片组织的细胞结构与抗寒性的关系[J]．园艺学报，13(3)：163～168.

简 兴，苗永美．2005. 翅荚木的利用价值与造林技术[J]．中国林副特产，(6)：28.

江 文．2000. 翅荚木的栽培管理和采集加工[J]．农家之友，(5)：29.

姜成英，杨成生，孟少童等．2004. 不同种源铅笔柏抗寒性对比研究[J]．甘肃林业科技，29(3)：48～49.

姜恕．1992. 植物生理生态学的发展动态与任务//马世骏主编．中国生态学发展战略研究(第一集)[M]．北京：中国经济出版社，75～76.

缴丽莉，路丙社，白志英等．2006. 四种园林树木抗寒性的比较分析[J]．园艺学报，33(3)：667～670.

金泽恭，袁启方．2000. 翅荚木引种栽培技术初探[J]．福建林业科技，27(增刊)：72～73.

赖天碧，王泽有．1991. 马尾松不同种源抗寒性的研究[J]．安徽林业科技，(4)：3～6.

冷 欣，王中生，安树青等．2005. 岛屿特有种全缘冬青遗传多样性的 ISSR 分析[J]．生物多样性，13(6)：546～554.

李芳兰，包维楷，刘俊华等．2006. 岷江上游干旱河谷海拔梯度上白刺花叶片生态解剖特征研究[J]．应用生态学报，17(2)：5～10.

李海生，陈桂珠．2004. 海南岛红树植物海桑遗传多样性的 ISSR 分析[J]．生态学报，24(8)：1656～1662.

李 晶，祖元刚．2000. 低温胁迫下红松幼苗活性氧的产生及保护酶的变化[J]．植物学报：英文版，42(2)：148～152.

李秋元，孟德顺．1993. Logistic 曲线的性质及其在植物生长分析中的应用[J]．西北林学院学报，(8)：81～86.

李晓储，李志琪．1990. 杉木地理种源寒害研究[J]．江苏林业科技，17(3)：11～20.

李育材．2006. 积极发展我国林木生物质能源[J]．宏观经济管理，(7)：4～7.

李忠正．1997. 二十一世纪制浆造纸工业[J]．纸浆材课题研讨会.

梁建平，周全连．2003. 广西大化县森林生态系统重建技术及其评价[J]．广西林业科学，(32)2：84～87.

廖声熙，张春华，李　立等 . 2004. 印楝种源间抗寒能力比较研究[J]. 林业科学研究，17(2)：172 ~ 177.
刘世彪，陈　菁，胡正海 . 2004. 7 种番荔枝果树的叶片结构及其与抗寒性关系研究[J]. 果树学报，21(3)：241 ~ 246.
刘星辉，王宏华 . 1990. 香蕉叶片组织细胞结构和生量特性与耐寒性的关系[J]. 福建农学院学报，19(2)：181 ~ 185.
刘　演，宁世江 . 2002. 广西重点保护野生植物资源的现状与评价[J]. 广西科学，9(2)：124 ~ 132.
柳新红，葛永金，王军峰等. 2007. 翅荚木种源苗期性状地理变异及早期选择研究[J]. 江西农业大学学报，29(1)：61 ~ 65.
柳新红，王军峰，何小勇 . 2005. 翅荚木种源引种苗期试验初报[J]. 浙江林业科技，25(5)：27 ~ 28.
龙应忠，童方平，宋庆安等 . 2007. 影响翅荚木种源苗期净光合速率的生理生态因子研究[J]. 中国农学通报，23 (12)：158 ~ 163.
龙应忠，吴际友，童方平 . 2007. 高热值速生能源树种选育及应用研究进展[J]. 林业科技开发，21(2)：1 ~ 5.
卢立华，黎　明 . 2005. 育苗基质对翅荚木苗期生长的影响[J]. 林业实用技术，(11)：21 ~ 22.
卢又伟，栗　彩 . 1989. 翅荚木种子萌发特性初报[J]. 广西林业科技，(4)：13 ~ 15.
卢又伟，栗　彩 . 1991. 翅荚木苗期生物量和营养元素积累的初步研究[J]. 农业现代化研究，12(2)：42 ~ 45.
卢又伟，谭云蜂，曩　彩 . 1991. 翅荚木苗期生物量和营养元素积累的初步研究[J]. 农业现代化研究，12(2)：42 ~ 45.
芦站根，周文杰，赵昌琼等 . 2003. 不同光强对曼地亚红豆杉抗寒性的影响[J]. 植物研究，23(3)：285 ~ 289.
陆富康 . 1999. 翅荚木的育苗造林技术[J]. 广西林业，(1)：17 ~ 18.
吕志锦，尹以明 . 1989. 翅荚木引种试验初报[J]. 江西林业科技，(3)：26 ~ 28.
罗建勋，顾万春，姚　平 . 2005. 云杉现有天然林的遗传分化和种源区划分[J]. 西北农林科技大学学报，33(12)：78 ~ 84.
马翠兰，刘星辉 . 1998. 柚品种间的耐寒性差异及其机理[J]. 福建农业大学学报，27(2)：160 ~ 165.
马英姿，梁文斌，陈建华 . 2005. 经济植物的抗寒性研究进展[J]. 经济林研究，23(4)：89 ~ 94.
明　军，顾万春 . 2006. 紫丁香天然群体遗传多样性的 AFLP 分析[J]. 园艺学报，33(6)：1269 ~ 1274.
莫明忠 . 2003. 云南金平分水岭国家级自然保护区稀濒危植物种类[J]. 林业调查规划，28(3)：50 ~ 53.
那冬晨，杨传平，姜　静等 . 2006. 利用 ISSR 标记分析兴安落叶松种源的遗传多样性[J]. 林业科技，31(1)：1 ~ 4.
潘瑞炽 . 2000. 植物组织培养[M]. 广州：广东高等教育出版社.
潘月芳，曹艳云，郝海坤 . 2001. 翅荚木容器苗培育技术[J]. 林业科技开发，15(2)：32 ~ 33.
潘月芳，郝海坤，曹艳云等 . 2006. 任豆扦插育苗试验[J]. 林业科技开发，20(6)：65 ~ 66.
庞正轰 . 2006. 经济林病虫害防治技术[M]. 南宁：广西科技出版社.
彭昌操，孙中海 . 2000. 低温锻炼期间柑橘原生质体 SOD 和 CAT 酸活性的变化[J]. 华中农业大学学报，19(4)：384 ~ 387.
彭永康，郝泗城 . 1994. 低温处理对豇豆幼苗生长的 POD、COD、ATPase 同工酶的影响[J]. 华北农学报，9(2)：76 ~ 80.
祁建民，周东新，吴为人等 . 2003. 用 ISSR 标记检测黄麻野生种与栽培种遗传多样性[J]. 应用生态学报，14(9)：1473 ~ 1477.
祁建民，周东新，吴为人等 . 2004. RAPD 和 ISSR 标记检测黄麻属遗传多样性的比较研究[J]. 中国农业科学，37(12)：2006 ~ 2011.

潜伟平，刘忠华．1999．翅荚木干形分析及材积估测[J]．林业科技通讯，(3)：27～28.
秦维俊，韦作柳．2001．翅荚木育苗与造林技术的探讨[J]．广西林业科学，30(2)：95～96.
邱英雄，何云芳．2002．乐昌含笑不同类型鉴定的 ISSR～PCR 分析[J]．林业科学，38(6)：49～52.
邱运亮．1992．翅荚木的组织培养[J]．植物生理学通讯，28（6）：434～435.
邱运亮．2002．翅荚木试管苗快速繁殖技术的研究[J]．林业科技开发，16（6）：14～16.
邱运亮．2004．几种植物生长调节剂对翅荚木试管苗的生根效应[J]．林业科技开发，18（3）：59～60.
裘利洪，刘仁林，施建敏等．2005．马头山自然保护区种子植物区系研究[J]．江西农业大学学报，27(4)：590～595.
佘文琴，刘星辉．1995．荔枝叶片膜透性和束缚水/自由水与耐寒性的关系[J]．福建农业大学学报，24(1)：14～18.
沈熙环．2002．林木育种学[M]．北京：中国林业出版社.
史清华，高建社，王　军等．2003．5 个杨树无性系抗寒性的测定与评价[J]．西北植物学报，23(11)：1937～1941.
苏冬梅，唐国梁，裴俊等．2008．2 种处理对翅荚木种子活力的影响[J]．中南林业科技大学学报，28(1)：113～116.
苏冬梅．1991．翅荚木种子活力的测定[J]．中南林学院学报，11(1)：103～106.
苏金乐，程绍荣．1993．白花泡桐不同种源叶片比较解剖学研究[J]．河南农业大学学报，27(1)：52～56.
苏晓华，卢宝明．1999．林木遗传改良与我国 21 世纪林业可持续发展[J]．林业科学研究，12(6)：650～655.
覃志刚，邱进贤．1992．翅荚木引种栽培的研究[J]．四川林业科技，13(1)：59～63.
汤章诚．1999．现代植物生理学实验指导[M]．北京：科学出版社.
汤章城．1984．逆境条件下植物游离脯氨酸的积累及其可能的意义[J]．植物生理学通讯，(1)：15～21.
唐季林，徐化成．1989．油松抗寒性与种源关系的研究[J]．北京林业大学学报，11(1)：53～60.
唐兰芳，何阳兰，古问为等．1999．任豆实生苗秋季培育技术[J]．广东林业科技，15(1)：46～49.
唐兰芳．1998．石灰岩地区造林绿化好树种———翅荚木[J]．广东林业科技，(14)3：34～37.
唐文秀，黄仕训，骆文华．2003．稀有树种任木种子繁殖试验[J]．广西植物，23(2)：161～164.
童方平，吴际友，龙应忠等．2005．珍稀速生树种翅荚木栽培技术研究[J]．湖南林业科技，32(4)：13～15.
童方平，吴际友．2005．珍稀速生树种翅荚木栽培技术研究[J]．湖南林业科技，32(4)：13～15.
万爱华，徐有明，管兰华等．2006．马尾松种子园无性系遗传结构的地理变异[J]．东北林业大学学报，34(4)：12～14.
万琳琛，肖尊安．2001．猕猴桃属种间体细胞杂种试管苗的抗寒性[J]．果树学报，18(3)：148～151.
王洪春．1984．修正的 logistic 公式在植物抗性研究中的作用．全国第二次植物抗性生理学术会议论文集.
王金满．1997．木材材质预测学[M]．哈尔滨：东北林业大学出版社.
王晶英，敖　红，张　杰等．2003．植物生理生化实验技术与原理[M]．哈尔滨：东北林业大学出版社.
王　娟，马钦彦，杜　凡．2006．云南大围山国家级自然保护区种子植物区系多样性特征[J]．林业科学，42(1)：7～15.
王青天，余婉芳等．2004．福建柏翅荚木混交造林技术研究[J]．林业实用技术，(5)：11～12.
韦健康．2002．广西发现任豆树王[J]．广西林业，(4)：34.
巫光宏，罗焕亮．2002．几种保护酶活性变化与马占相思树对低温胁迫的抵抗性的关系研究[J]．植物研究，22(1)：42～45.
吴国良，常留印，陈国秀．1998．核桃实生苗叶片性状与抗寒性关系[J]．植物学通报，15(增刊)：111～113.

吴良鸣.2007. 翅荚木栽培技术[J]. 林业实用技术，(8)：18～19.
吴　林，刘海广，刘雅娟等.2005. 越橘叶片组织结构及其与抗寒性的关系[J]. 吉林农业大学学报，27(1)：48～5054.
吴征镒.1991. 中国种子植物属的分布区类型[J]. 云南植物研究，(增刊Ⅳ)：1～319.
武惠肖，吉艳芝，何海龙等.2000. 落叶松几个抗寒生理指标研究[J]. 河北林果研究，15(2)：105～109.
肖双燕，李　力.1992. 翅荚木测树指标与冻害关系的初步研究[J]. 江西林业科技，(6)：23～25.
谢庭味，欧阳美珊.1989.13 种木兰科树种叶片解剖与其抗寒性[J]. 武汉植物学研究，7(3)：234～238.
徐位力，苏开君，王光等.2005. 马占相思树苗对低温冻害的抗性研究[J]. 广西植物，25(5)：489～493.
徐文铎，郑元润，刘广田.1993. 内蒙古沙地云杉生长与生态条件关系的研究[J]. 应用生态学报，4(4)：368～373.
徐小林，徐立安，黄敏仁等.2004. 栓皮栎天然群体 SSR 遗传多样性研究[J]. 遗传，26(5)：683～688.
许亚生.1995. 翅荚木[J]. 中国水土保持，(5)：35.
杨佳，李晓东，李新伟等.2007. 华中特有珍稀植物裸芸香的 AFLP 遗传多样性分析[J]. 武汉植物学研究，25(3)：226～234.
杨玉玲，马祥庆，张木清.2006. ISSR 分子标记及其在树木遗传育种研究中的应用[J]. 亚热带农业研究，2(1)：18～24.
姚明哲，王新超，陈亮等.2004. 茶树 ISSR～PCR 反应体系的建立[J]. 茶叶科学，24(3)：172～176.
应叶青，吴家胜，周国模等.2004. 喜树种源苗期性状遗传变异研究[J]. 林业科学研究，17(6)：751～756.
余观夏，阮锡根，封维忠等.2006. 杨树无性系超冷现象分析[J]. 南京林业大学学报(自然科学版)，30(2)：67～71.
余　光，张亚宁.1998. 我省引种的任豆木材纤维形态初步研究[J]. 福建林业科技，25 (1) ：31～33.
曾广腾，龚期绳，吴茂隆等.2004. 翅荚木引种育苗试验及苗木生长规律研究[J]. 江西林业科技，(2)：6～7.
张海浪，刘国云，袁正科.2003. 湖南省通道县龙底沟谷森林生态系统自然保护区自然资源研究[J]. 长沙：湖南科学技术出版社.
张　萍，周志春，金国庆等.2006. 木荷种源苗高生长参数变异研究[J]. 林业科学研究，19(1)：61～65.
张任好.2006.14 年生翅荚木生物量及生产力的研究[J]. 福建师范大学学报(自然科学版)，22(4)：103～106.
张荣华，李拥军，张叶玲.2006. 脯氨酸含量对苜蓿抗寒性影响的研究[J]. 现代化农业，(4)：17～18.
张素勤，程智慧，耿广东.2006. 低温胁迫对茄子幼苗生理特性的影响[J]. 湖南农业大学学报(自然科学版)，32(4)：393～396.
张文标，金则新，李钧敏.2007. 濒危植物香果树自然居群遗传多样性的 RAPD 分析[J]. 浙江大学学报：农业与生命科学版，33(1)：61～67.
张炎森.2007. 翅荚木在酸性土壤上的生长表现和栽培技术[J]. 广东林业科技，23(1)：76～79 .
张祝平，何道泉，敖惠修.1996. 任豆林的生物量和光能利用率[J]. 植物生态学报，20(6)：502～509.
张祝平，何道泉.1996. 翅荚木林的生物量和光能利用率[J]. 植物生态学报，20(6)：502～509.
赵天锡，陈章水.1994. 中国杨树集约栽培[M]. 北京：中国科学技术出版社.
郑国铝，翟中和.1991. 植物抗寒性的细胞及分子生物学研究进展[J]. 北京：高等教育出版社.
郑景明，张育红. 林分生物量研究综述[J]. 辽宁林业科技，1998，(4)：43～45.

郑天汉 . 2001. 论阔叶树遗传改良策略[J]. 福建林业科技，28(4)：74 ~ 78.

中国科学院编辑委员会编著 . 中国植物志(第三十九卷)[M]. 北京：科学出版社，1979.

中国科学院上海植物生理研究所 . 1999. 现代植物生理学实验指南[M]. 北京：科学出版社.

中国科学院植物研究所 . 1980. 中国高等植物图鉴[M]. 北京：科学出版社.

钟广炎，陈力耕 . 1994. 柑橘种质资源抗寒性与叶片结构的关系[J]. 中国柑橘，23(2)：16 ~ 17.

周秉胜 . 2008. 翅荚木石山直播造林试验研究[J]. 湖南农机，(3)：148 ~ 149.

周昌权 . 1997. 乐业县石山区翅荚木树栽培试验研究[J]. 林业科技通讯，(12)：18 ~ 19.

周元满，谢正春，刘素青等 . 2004. Logistic 模型在桉树生长过程估计中的应用[J]. 南京林业大学学报(自然科学版)，28(6)：107 ~ 110.

周志春 . 2003. 几种亚热带乡土阔叶树种的制浆特性评价[J]. 中国造纸，22(2)：7 ~ 11.

朱根海，刘祖祺，朱培仁 . 1985. 应用 logistic 方程确定植物组织低温半致死温度的研究[J]. 南京农业大学学报，(3)：11 ~ 16.

朱惠方，李新时 . 1962. 数种速生树种的木材纤维形态及其化学成分的研究[J]. 林业科学，(4)：256 ~ 267.

朱积余，廖培来 . 2006. 广西名优经济树种[M]. 北京：中国林业出版社.

朱守谦 . 2003. 喀斯特森林生态研究(Ⅲ)[M]. 贵阳：贵州科技出版社.

Arcade A, Faivre R. P. 2000. *Application of AFLP RAPD and ISSR markers to genetic mapping of European and Japanses larch*. Theoretical and Applied Genetics, 100: 299 – 307.

Ashworth E. N, Lightner G. W, Rowse D. J. 1981. *Evaluation of apricot flower bud hardiness using a computer-assisted method of thermal analysis*. Hort Science, 16(6): 754 – 756.

Casasoli M, Cherubina. 2001. *A genetic linkage map of European chestnut (Castanea sativa Mill.) based on RAPD ISSR and isozyme markers*. Theoretical and Applied Genetics, 102: 1190 – 1199.

Chen. H. Y. 1946. *A new genus in the Chinese* flora. Sunyatacnis, (5): 3 – 4.

Davila J. A, Ferrer E. 1999. *Molecular characterization and genetic mapping of random amplified microsatellite polymorphism in barley*. Theoretical and Applied Genetics, 98: 265 – 273.

Deans J. D, Billington F. J, Harvey F. J, et al. 1995. *Assessment of frost damage to leafless stem tissues of Quercus petraea: a reappraisal of the method of relative conductivity*. Forestry, 68: 25 – 34.

Dexter S. T, Tottingham W. E, Crebe L. F. 1930. *Preliminary results in measu-reing the hardiness of plants*. Plants Physiology, 5: 215 – 223.

ESSELMAN E. J, CRAWFORD D. J. 1999. *Clonal diversity in the rare Calamagostis porteri spp. Insperata (Poaceae): comparative results for allozymes and random amplified polymorphic DNA (RAPD) and inter-simple sequence repeat (ISSR) markers*. Molecular Ecology, (8): 443 – 451.

Farquhar. 2001. *Models of photosynthesis*. Plant Physiology, (125): 42 – 45.

Godwin I. D, Smith L. W, Godwin I. D, et al. 1997. *Application of inter-simple sequence repeat (ISSR) markers to plant genetics*. Electrophoresis, 18(18): 1524 – 1528.

Joshi S. P, Aggarwal R. K. 2000. *Genetic diversity and phylogenetic relationship as revealed by inter simple sequence repeat (ISSR) polymorphism in the genus Oryza*. Theoretical and Applied Genetics, 100: 1311 – 1320.

Kang S. K, Motosugi H, Yonemori K, et al. 1998. *Supercooling characterics of some deciduous fruit trees as related to water movement within the bud*. Journal of Horticultural Science and Biotechnology, 73(2): 165 – 172.

Kantety R. V, Bennetzen J. 1995. *Assessment of genetic diversity in popcorn (Zea mays L.) inbred lines using inter-simple sequence repeat (ISSR) amplification*. Molecular Breeding, 1: 365 – 373.

Kojima T, Noda K, Noda K. 1998. *Genetic linkage map of ISSR and RAPD markers in Einkorn wheat in relation to that of RFLP markers*. Theoretical and Applied Genetics, 96: 37 – 45.

Maxwell K, Johnson G. N. 2000. *Chlorophyll fluorescence-a practical guide*. Journal of Experimental Botany, 51:

659 - 668.

MORENO S, ORTIZ J. M, ORTIZ J. M. 1998. *Inter-simple sequence repeats PCR for characterization of closely related grapevine germplasm.* Euphytica, 101: 117 - 125.

Quamme H. A. 1974. *An exothermic process involved in the freezing injury to flower buds of several Prunus species.* Journal of the American Society for Horticultural Science, 99: 315 - 318.

Rajashekar C. 1979. *Membrerance structural transitions: Probable relation to frost damage in hardy herbaceous species.* Low temperature stress in crop plants, Academic Press.

Sukumaran N. P. 1972. *An excise leaflet test for evaluating potato frost tolerance.* Heretics, 7: 467 - 468.

Tanaka Y, Brotherton P, Hostetter S, et al. 1997. *The operational planting stock quality testing program at Weyerhaeuser.* New Forests, 13: 423 - 437.

Walker. 1989. *Automated measurement of leaf photosynthetic* O_2 *evolution as a function of photon flux density.* Philosophical transitions of the Royal Society London B, (323): 313 - 326.

Warmund M. R, George M. F, Cumbie B. G. 1990. *Methods for measuring cold hardiness of conifers In Bigras Ournal of the American Society for.* Horticulture Science, 113(3): 369 - 401.

World Conservation Monitoring Centre. 1998. *Zenia insignis.* 2006 IUCN Red List of Threatened Species. IUCN 2006. www. iucnredlist. org. Downloaded on 21 February 2007.

Zietiewiez E, Rafalski A, Labuda D. 1994. *Genome fingerprinting by simple sequence repeat (SSR)-anchored polymerase chain reaction amplification.* Genomes, 20: 176 - 183.